세상에서 가장 쉬운

상대성이론

아빠가 들려주는 상대성이론 이야기

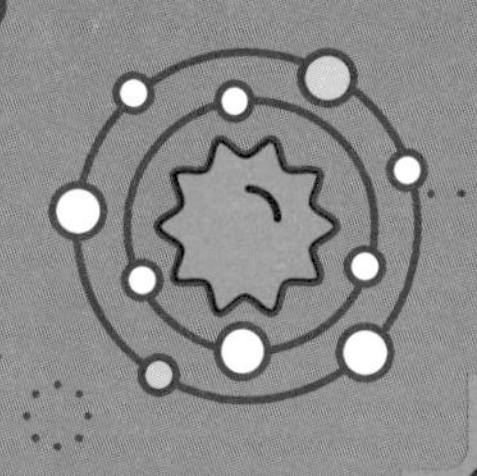

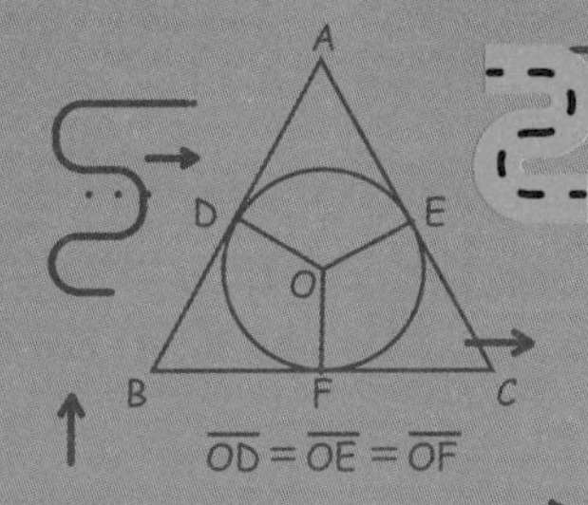

세상에서 가장 쉬운 상대성이론

박홍균 지음

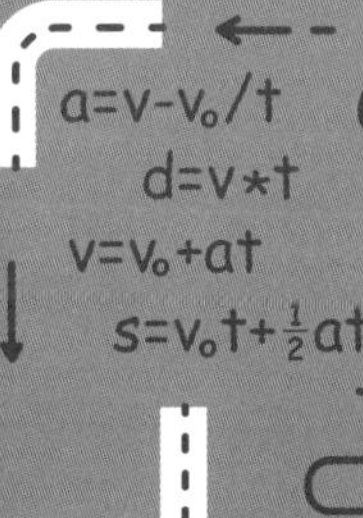

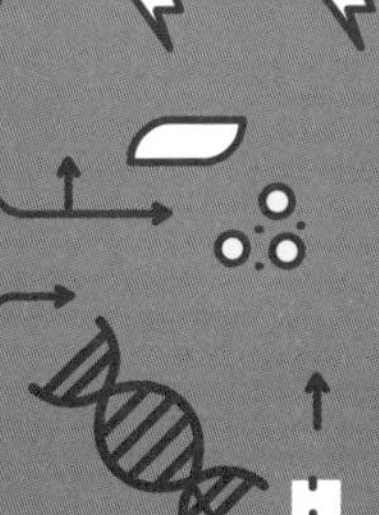

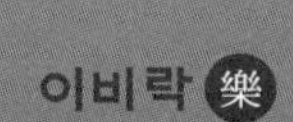

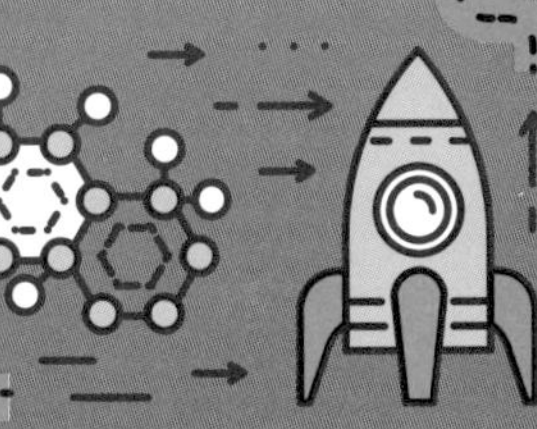

목차

상대성이론에 들어가기 전에

특수상대성이론 - 등속도 세계의 물리 법칙

3장 일반상대성이론 - 가속도 세계의 물리 법칙

4장 부록

무언가를 전문용어 없이 일상적인 언어로 설명할 수 없다면,
그것은 당신이 그 문제를 제대로 이해하지 못했다는 증거다.

- 어니스트 러더포드 -

1장

상대성이론에 들어가기 전에

1-1

왜 상대성이론을 알아야 하나

아빠! 상대성이론이 뭐예요?

1905년 아인슈타인이 상대성이론을 만들었다는 것은 너도 알고 있을 테고… 음. 간단하게 말하면 상대성이론은 갈릴레이가 만든 상대성원리를 좀 더 발전시킨 거란다. 이제 너도 컸으니 상대성이론이 무엇인지 좀 더 자세히 알아야 할 필요가 있겠지.

아빠! 저는 지금 겨우 고등학교 1학년인데, 대학을 가더라도 공학이나 자연과학 계열이 아닌 인문학 계열을 전공할 계획이에요. 그런 제가 굳이 상대성이론에 대해 자세히 알아야 할 필요가 있을까요?

상대성이론 이야기를 네게 들려주기 전에, 먼저 왜 상대성이론을 알아야 하는지부터 이야기해 보자꾸나.

사람들은 세상을 살아가면서 많은 것을 보고 겪게 되지. 네가 자라나면서 봐온 세상도 충분히 흥미롭고 새로웠겠지만, 아인슈타인의 상대성이론은 지금까지 네가 살아오면서 봐온 세상과는 완전히 새로운 세상을 보여준단다. 그리고 이 이야기를 하려는 동기도 그런 세상을 너에게도 보여주고 싶은 것이란다. 우리가 사는 삶이 한 번뿐이라면, 우리가 사는 세상에 완전히 새로운 세상이 있다는 사실을 모르고 지나간다는 것이 너무 억울하지 않겠니? 네 말처럼 공학이나 자연과학을 전공하지 않고, 인문학 분야를 전공한다 하여, 공학 또는 과학자들이나 알면 되는 상대성이론을 굳이 알 필요가 없을 것이라 생각할 수도 있겠지만, 아빠는 그렇게 생각하지 않는다. 지금까지 너는 견문을 넓히기 위해 여행을 했었고, 또 앞으로도 하게 되겠지. 그리고 여행을 통해 새로운 세상을 만나면서 재미도 느끼고 많은 것을 배우겠지. 이런 지식이 네가 공부를 하거나 살아가는 데 많은 도움이 될 거야. 만약 새로운 것을 배우기 위해 여행을 한다면, 아인슈타인의 상대성이론이야말로 가장 멋진 여행이 될 것이다.

상대성이론이 완전히 '새로운 세상'이라고요? 도대체 상대성이론이 무엇이기에 '새로운 세상'이라고 말씀하시는 건가요?

상대성이론의 결론에 대해 미리 조금만 이야기해보자. 그 이론이 나오기 전, 모든 과학자나 철학자들은 시간과 공간과 질량은 절대 변하지 않는 절대적 존재로 여겼지. 하지만 아인슈타인은 시간과 공간과 질량이 관측자에 따라 변하는 상대적인 것이라 여겼단다. 예를 들어 움직이는 물체에서는 시간이 느리게 가고, 움직이는 방향으로의 길이가 짧아지며, 질량은 증가한다는 것이야.

움직이는 물체의 시간이 느리게 간다고요? 절대 그럴 리가 없죠. 말도 안 돼요. 분명 아인슈타인이 뭘 잘못 알고 그런 이야기를 한 거겠죠.

아인슈타인이 잘못 알고 있다면, 아인슈타인은 역사상 가장 유명한 과학자가 될 수 없었겠지. 아인슈타인은 우리가 절대적 진리라고 믿는 것을 틀리다고 알려준 사람이란다. 다시 말해, 아인슈타인은 우리의 뒤통수를 치면서 "당신이 알고 있는 세상이 사실은 당신이 알고 있는 것과는 완전히 다르다."고 말하고 있지.

물론 저는 (움직이는 물체의) 시간이 느리게 간다는 이야기를 믿지 못하겠지만, 만약 아인슈타인 말이 사실이라면 우리가 알고 있는 지식은 어디까지가 사실이고 어디까지가 사실이 아닌가요?

네가 학교에서 배우는 과목 중 절대적 진리라고 생각하는 것들이 있지. 수학과 과학이 바로 그것이란다. 국어나 사회, 윤리와 같은 인문학은 사실상 절대적 진리가 무엇인지 알 수가 없다. 쉽게 말해 윤리 문제 하나를 예로 들어보자.

1909년 중국 하얼빈에서 안중근 의사는 일본의 이토 히로부미를 저격하였다. 살인한 안중근은 과연 좋은 사람일까? 나쁜 사람일까? 그리고 총에 맞은 이토 히로부미는? 우리나라를 강제로 빼앗았던 이토 히로부미를 저격한 안중근 의사를 우리는 영웅으로 추앙하지만, 일본에서는 그를 테러리스트로 취급한단다. 게다가 일본에서 이토 히로부미는 우리나라의 세종대왕만큼이나 추앙하지. 우리나라 지폐에 세종대왕의 초상화가 그려져 있듯이, 일본 지폐에는 이토 히로부미의 초상화가 그려져 있단다. 일본에서 그는 일본 근대화를 이끌어 지금과 같은 강대국이 되게 한 인물로 추앙받지만, 한국을 비롯한 아시아 국가들로부터는 제국주의에 의한 침략과 식민지화를 주도한 원흉으로 지목되는 인물이란다.

이처럼 인문학에서는 누구나 수긍하는 하나의 답이 없단다. 어떤 의미에서 진리라고 부를 수 있는 것이 하나도 없다고 이야기할 수 있지. 하지만 수학이나 과학은 이성적이고 합리적인 사고를 하는 사람이라면, 한국인이든 일본인이든 누구나 수긍을 하면서 옳다고 이야기하지. 따라서 수학적 명제나 과학 시간에 배우는 물리 법칙은 절대적 진리라고 할 수 있지.

과학적이고 실증적인 방법으로 진리를 탐구하려는 시작은 고대 그리스에서 '철학philosophy'이라고 하는 학문에서부터 본격적으로 시작되었단다. 당시에는 수학이나 물리학이라는 학문은 따로 없었고, 철학의 일부분으로 취급되었지. 역사 시간에 배웠겠지만, 중세로 접어들면서 철학의 발전은 멈추게 되었고 이러한 서양 중세시대를 소위 '역사의 암흑기'라고 부른곤 하였다. 즉, 중세 시대에는 정치, 사회, 문화, 학문, 도덕 등 모든 것의 중심에 종교가 있었단다. 모든 학문은 신神이나 성경을 연구하는 것이었으며, 하느님의 말씀이 법적, 과학적 판단의 기준이 되었지. 예를 들어, 왜 해가 동쪽에서 뜨는지 혹은 왜 비가 오는지 물으면, 하느님의 뜻이기 때문이고, 전염병에 걸려 죽는 이유도 하느님의 뜻이기 때문이지. 모든 것이 하느님의 뜻이기 때문에 새로운 학문이 나올

수가 없었단다. 그때의 학문은 오직 하나, 신학뿐이었단다. 즉 신에 대해서 연구하고, 신의 뜻이 무엇인지 연구하는 것이지. 당연히 과학은 발전하지 않았겠지만, 오랜 중세 암흑기가 서서히 막을 내리면서 '르네상스Renaissance'라는 역사 시기가 도래하여 근대사가 시작되었단다. 당시 유럽 사회는 과학의 발달로 신의 영역이었던 자연계의 법칙들이 속속 밝혀지면서 신의 자리까지 넘보게 되었단다. 예전에는 비가 오는 것도 신의 뜻이고 혜성이 나타나는 것도 신의 뜻이라 생각했지만, 이제는 그것을 과학적으로 설명할 수 있게 되었지. 또 전염병에 생기면 왜 전염병에 생기는지 원인을 설명할 수 있고, 그 치료법도 나오게 되었지. 과학을 이용하면 언제 일식이나 월식이 오는지, 혜성이 언제 다시 나타날지에 대한 예측도 가능하게 되었다.

과학의 시대는 다른 말로 '이성의 시대'라고 할 수 있단다. 이 시대는 종교가 이야기하는 무조건적인 믿음보다 이성에 의한 과학적 연구가 우주와 자연을 이해하는데 더 합리적이라고 생각하였지. 이제 전지전능했던 신은 자리에서 물러나고 합리적인 자연과학이 그 자리를 앉는 시대가 도래하였단다. 프랑스의 수학자, 물리학자, 천문학자이자 '프랑스의 뉴턴'이라고 불렸던 라플라스(Laplace, 1749~1827년)가 나폴레옹에게 이런 말을 했단다.

"우주를 설명할 때 신神이라는 가설은 필요하지 않습니다."

이후, 17세기에서 19세기에 이르기까지 과학은 폭발적으로 발전하게 된단다. 인류 역사를 보면, 이 짧은 기간에 인류가 누리는 과학 문명 대부분이 이루어졌지. 특히 물리학에서는 뉴턴 이후 새로운 이론이 탄생하지 않았고, 뉴턴의 운동 법칙만으로 전 우주의 운동을 모두 예측할 수 있다고 믿게 되었단다. 19세기 말에 이르러서는 이제 모든 인간은 수학이나 과학으로 우주의 진리를 알 수 있게 되었다고 생각했고, 우주에서 더는 발견될 자연의 절대적 진리는 없다고 생각했지. 하지만 20세기 초 아인슈타인(Albert Einstein, 1879~1955)이 상대성이론을 발표하면서 우리가 지금까지 알고 있던 수학적 명제나 물리 법칙들이 모두 틀렸음이 드러났단다.

수학과 물리 시간에 배운 명제나 공식이 모두 틀렸다고요? 그렇다면 무엇이 틀렸는지 구체적으로 몇 가지만 이야기해 주세요.

아인슈타인의 상대성이론에 따르면, 네가 물리 시간에 배운 '질량 불변의 법칙'이나 '에너지 보존의 법칙'이 모두 무효화 되었단다. 아인슈타인 이전에 최고의 물리학자였던 뉴턴의 '만유인력 법칙'도 더 이상 절대적인 법칙이 아니란다. 질량이나 시간이 움직이는 속도에 따라 변한다면, 물리 시간에 배운 모든 운동 법칙도 틀렸단다.

수학을 예로 들어 보자. 우리가 사는 우주 어디에도 삼각형 내각의 합이 180°가 되는 곳은 없단다. 유클리드의 평행선 공리도 더 이상 성립되지 않게 되지.

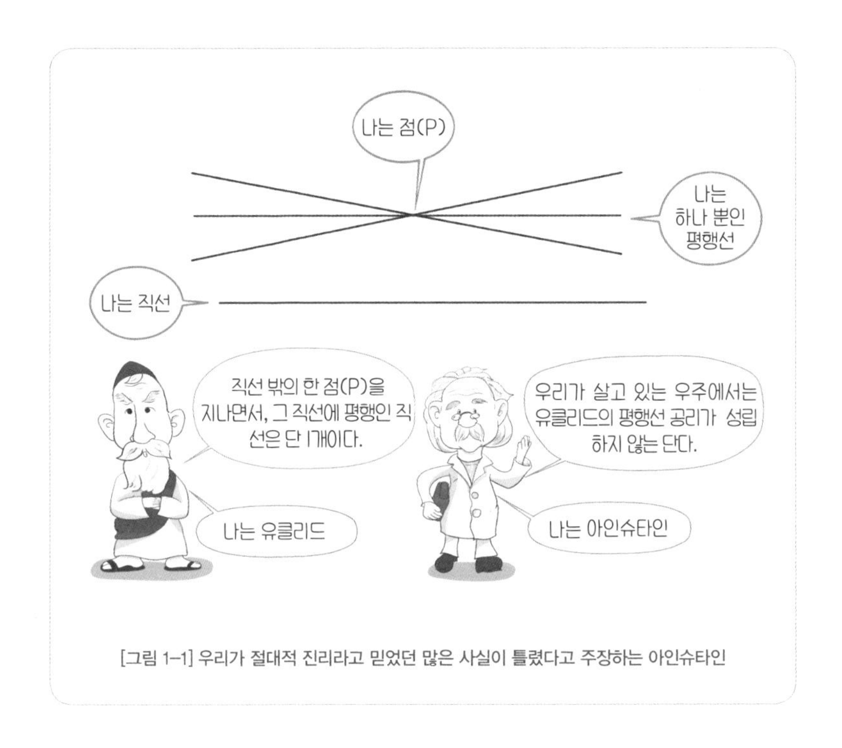

[그림 1-1] 우리가 절대적 진리라고 믿었던 많은 사실이 틀렸다고 주장하는 아인슈타인

잠깐만요! 질량 불변의 법칙이나 에너지 보존의 법칙, 그리고 만유인력 법칙이 틀렸다고요? 그리고 삼각형의 내각의 합이 180°가 아니라고요? 아인슈타인의 상대성이론이 맞다면, 우린 학교에서 틀린 지식을 배우고 있는 셈이네요?

그래. 학교 수학 시간이나 물리 시간에 배운 것은 더 이상 절대적 진리가 아니고, '근사한 진리'에 불과하단다. 예를 들어, 네 몸이나 돌덩어리에서 열(에너지)이 나오면, 네 몸이나 돌덩어리의 질량은 줄어든단다. 이때 줄어드는 질량이 너무 적어 우리의 감각기관으로는 전혀 느낄 수가 없기 때문에 질량은 절대 변하지 않는다고 이야기하는 것이야. 흡사 현미경이 없던 시절에 세균이나 바이러스가 이 세상에 존재하지 않는다고 생각한 것과 똑같지. 만약 물체에서 엄청난 열(에너지)이 나온다면, 눈에 보일 정도로 질량이 많이 줄어든단다. 그런 예가 원자폭탄이나 원자력 발전소지. 원자폭탄이나 원자력 발전소 내의 우라늄에서는 많은 열(에너지)이 나오는 대신, 눈에 보일 정도의 질량이 줄어든단다. 반대로 네 몸이나 돌덩어리가 열을 흡수하면 질량이 늘어난단다. 또 아인슈타인의 상대성이론에 따르면, 우리가 사는 우주는 중력으로 인해 휘어져 있기 때문에 이런 휘어진 공간에서의 삼각형(세 개의 직선으로 둘러싸인 도형) 내각의 합은 180°가 아닐뿐더러, 유클리드의 평행선 공리도 성립하지 않는다는 것이지. 그렇지만 우리가 살고 있는 공간에서의 휘어진 정도는 매우 작아 학교에서 배운 공리를 그대로 사용해도 큰 문제가 없단다. 하지만 블랙홀 주변에서는 전혀 쓸모가 없는데, 블랙홀은 중력이 아주 커서 공간이 많이 휘어지기 때문이지.

아빠, 됐거든요. 저는 물리도 싫고, 아인슈타인도 싫고, 무슨 말인지 하나도 모르는 이런 이야기는 더욱 싫어요. 저는 물리나 수학이란 단어만 들어도 머리가 아파요!

너무 걱정하지는 말아라. 아인슈타인의 상대성이론을 이해하기 위해 네가 상상하듯 칠판에 빼곡히 적힌 복잡한 수학이나 물리 공식 같은 것을 알 필요는 없단다. 기껏해야 네가 중학교 수학 시간에 배운 '피타고라스 정리'와 과학 시간에 배운 '뉴턴의 운동 법칙' 정도를 이해하는 수준의 상식만 있으면 된단다. 혹시 뉴턴의 운동 법칙을 모른다고 해도 상관이 없단다. 내가 다시 한번 쉽게 설명해 줄 테니까. 그러나 상대성이론은 발표될 당시만 해도 전 세계에서 그것을 이해하는 사람은 불과 몇 명뿐이었단다.

아빠 말씀은 앞뒤가 맞지 않아요. 중학생 때 배운 피타고라스 정리와 뉴턴의 운동 법칙을 알면 아인슈타인의 상대성이론을 이해할 수 있다고 했는데도 불구하고, 100년 전 이기는 하지만 당시 과학자들이 피타고라스 정리와 뉴턴의 운동 법칙을 몰랐을리도 없을 텐데 왜 그 사람들이 이해를 못했죠?

이 질문에 대한 가장 적절한 답변은 바로 자신들이 지금까지 절대적이라고 믿었던 진리가 진리가 아니라는 사실이 너무나 충격적이었기 때문이라고밖에 답변을 할 수 없구나.

만약 지금까지 절대적이라고 믿고 있는 진리가 진리가 아니었다는 사실을 쉽게 받아들인다면, 아인슈타인의 상대성이론은 분명히 5분이면 이해할 수 있다고 확신한다. 5분이라는 이야기를 못 믿겠지만 그리고 나중에 보면 알겠지만, 아인슈타인의 상대성이론이 너무나 간단해서 아마 허탈감마저 들 거라고 아빠는 장담한다.

내가 상대성이론에 대해 이야기하면서 네게 진정으로 하고 싶은 말은 "우리가 알고 있다는 것은 무엇이며, 우리가 알 수 있는 것은 무엇이고, 우리가 알고 있는 사실이 절대 진리인가? 또 알게 되는 과정에서 우리 이성의 역할은 무엇인지?" 이에 대한 답변이란다. 철학에서는 이런 질문들을 '인식론'이라고 하지.

그리고 이런 질문에 대한 답변이 있어야만, 네가 살아가면서 부딪히게 되는 여러 가지 질문들(인문학에 대한 질문이든, 인생에 관한 질문이든)에 대한 답변도 할 수 있겠지.

아인슈타인의 상대성이론은 과학 분야에도 많은 영향을 미쳤지만, 인문학인 철학에도 많은 영향을 미쳤단다. 사실 근대까지만 하더라도 서양에서 과학과 철학은 하나의 학문이었단다. 철학이 세상의 모든 진리를 탐구하는 학문이기 때문에 자연의 진리를 탐구하는 과학도 철학의 일부였단다. 이후 과학이 발달하면서 철학에서 분리되었고, 따라서 상대성원리에서 철학을 이야기를 하는 것은 전혀 새삼스러운 것도 아니지.

아인슈타인은 "철학은 과학으로부터 결론을 얻어야 한다."고 이야기했다. 아마 네가 이 글을 끝까지 읽어 보면, 이 말의 뜻을 이해하게 될 것이다.

1-2

갈릴레이의 상대성원리

아인슈타인의 상대성이론은 갈릴레이가 만든 상대성원리를 좀 더 발전시킨 거라고 했는데, 갈릴레이의 상대성원리와 어떤 관계에 있나요?

아인슈타인의 상대성이론은 1905년에 발표한 특수상대성이론과 1915년 말에 발표한 일반상대성이론으로 나뉜단다. 그런데 이 두 이론은 갈릴레오 갈릴레이(Galileo Galilei, 1564~1642년)의 상대성원리를 기초로 하고 있지. 그렇다면 갈릴레이의 상대성원리와 아인슈타인의 특수상대성이론과 일반상대성이론을 비교해보자.

◆ **갈릴레이의 상대성원리**

모든 운동은 상대적이며, **등속 운동**을 하는 모든 관찰자에게는 같은 물리 법칙이 적용된다.

◆ **아인슈타인의 특수상대성이론**

모든 운동은 상대적이며, **등속 운동**을 하는 모든 관찰자에게는 같은 물리 법칙이 적용된다. 단, 같은 물리 법칙이 적용되기 위해서는 **등속 운동을 하는 시공간**의 시간은 느리게 가야 하고, 길이는 짧아져야 한다.

◆ **아인슈타인의 일반상대성이론**

모든 운동은 상대적이며, **가속 운동**을 하는 모든 관찰자에게도 같은 물리 법칙이 적용된다. 단, 같은 물리 법칙이 적용되기 위해서는 **가속 운동을 하는 시공간**(혹은 **중력을 받는 시공간**)은 휘어져야 한다.

지금 당장 네가 위의 세 가지 이야기를 이해할 필요는 없단다. 다만 위 세 가지 이론을 비교해보면, "모든 운동은 상대적이며, 모든 관찰자에게는 같은 물리 법칙이 적용된다."는 공통점이 있고, 아인슈타인의 상대성이론에는 "시간과 공간이 변해야 한다."는 조건이 붙는 차이점이 있다는 것을 알 수 있지. 따라서 아인슈타인의 상대성이론을 이해하려면 갈릴레이의 상대성원리가 무엇인지부터 알아야 한단다.

갈릴레이의 상대성원리는 '모든 운동은 상대적이며, 등속 운동을 하는 모든 관찰자에게는 같은 물리 법칙이 적용된다.'고 하는데, 먼저 '모든 운동이 상대적이다'는 말에 대해 설명해 주세요.

'모든 운동은 상대적이다.'는 말의 정확한 뜻을 이해하기 위해 고대 그리스로 돌아가 보자.

고대 그리스의 아리스토텔레스는 세상의 모든 물체는 정지해 있는 것이 본질적이라고 생각했단다. 예를 들어, 물체를 밀거나 던져서 움직이게 하더라도 언젠가는 정지한다는 것이지. 세상에 어떤 물체라도 일단 움직이면 결국에는 정지 상태로 돌아오기 때문에 이런 생각을 한 것도 당연하겠지. 이러한 생각은 갈릴레이가 나타나기 전까지는 진리로 받아들였단다. 갈릴레이는 아리스토텔레스와 반대로 정지 상태란 본질적으로 존재하지 않는다고 생각했지. 즉, 네가 기차역에 서 있는데 바로 앞으로 기차가 지나가고 있다고 가정해보자. 네 입장에서 보면 너는 정지해 있고 기차 안의 사람들이 움직이고 있다고 생각하겠지. 하지만 기차 안에 앉아 있는 사람의 입장에서 보면 자신은 정지해 있고, 기차 밖에 있는 사람이 움직이고 있다고 생각하겠지. 그렇다면 누가 정말로 정지하고 있는 것일까?

당연히 땅 위에 있는 제가 정지하고 있고, 기차를 타고 가는 사람은 움직이고 있지요.

네가 정지한 것이 맞다고? 그럼 눈을 조금 돌려 보자.

지구가 자전을 하면서 태양 주위를 돌고 있다는 사실은 이제 초등학생도 다 아는 사실이지. 그리고 지구의 공전 속도는 시속 10만8천km로, 이 속도는 하늘에 날아가는 비행기의 100배 정도 빠른 속도란다.

만약 태양에서 누군가가 지구의 기차역에 서 있는 너를 본다면 비행기보다 100배나 빠르게 움직이고 있는 것으로 보이겠지. 그럼에도 네가 정지해 있다고 이야기할 수 있겠니? 절대로 아닐 거야. 그렇다면 태양은 정지하고 있는 것일까? 우주의 다른 은하계에서 본다면 태양은 빠른 속도로 멀어져 가고 있단다. 1929년 미

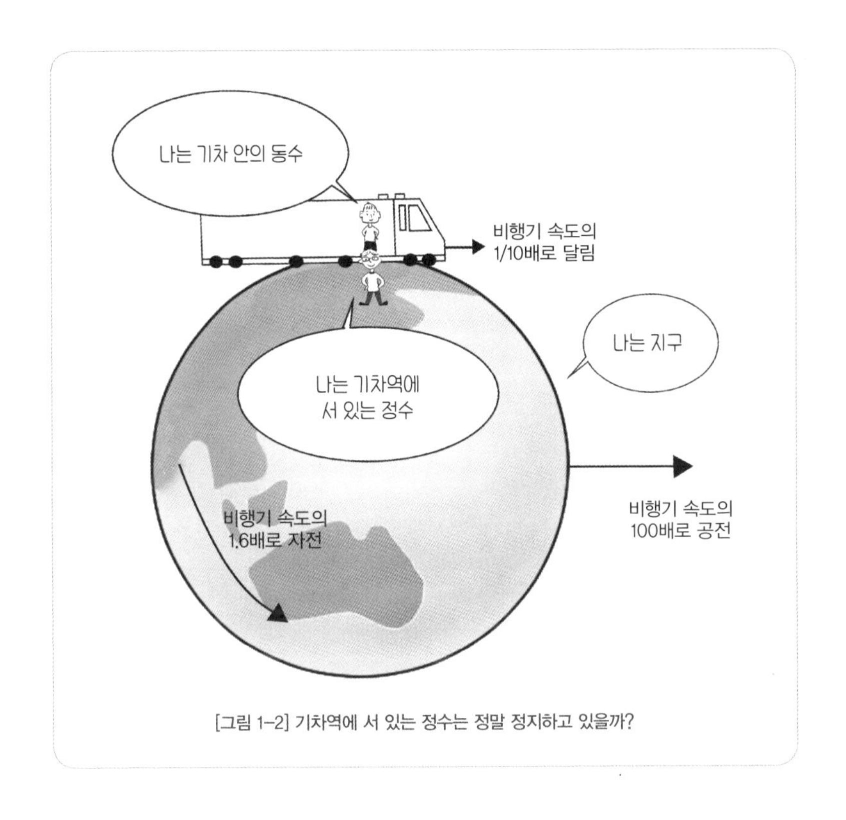

[그림 1-2] 기차역에 서 있는 정수는 정말 정지하고 있을까?

국의 천문학자 허블(Hubble, 1889~1953)은 모든 은하계는 엄청나게 빠른 속도로 서로 멀어져 가고 있다는 것을 발견했지. 갈릴레이는 우주 공간에서 절대적으로 정지해 있는 것은 없다고 생각하였다. 모든 운동은 절대적인 것이 아니고 상대적이므로 본질적으로 정지 상태란 있을 수 없다고 생각했기 때문이지. 즉, 기준이 되는 사람(물리 용어로 이것을 기준계라고 한다.)이 누구냐에 따라 정지한 상태가 될 수도 있고, 운동 상태일 수도 있다는 거야. 달리 표현하면 "저 물체는 움직이고 있다." 혹은 "저 물체는 정지해 있다."

는 이야기를 하려면 기준이 되는 사람이 있어야 한다는 것이지. 예를 들어, 아래 그림처럼 기차가 지나가는 철로변에는 정수가 서 있고, 기차 안에는 동수가 앉아 있다고 가정하자. 이때 동수 앞에는 탁자가 있고, 탁자 위에는 빨간 사과가 놓여 있지.

[그림 1-3] 사과는 정수가 보면 움직이고 있고, 동수가 보면 정지하고 있다.

기차 안에 앉아 있는 동수가 볼 때 "이 빨간 사과는 정지하고 있다."고 말하겠지. 하지만 철로변에 서 있는 정수가 볼 때 기차와 함께 빨간 사과도 움직이고 있는 것으로 보이겠지. 따라서 정수가 볼 때 "이 빨간 사과는 움직이고 있다."고 말할 거야.

자, 그럼 여기에서 질문을 하나만 해 보자. 기차 안에 있는 동수는 "빨간 사과가 정지하고 있다."고 말하고, 철로변의 정수는 "빨간 사과가 움직이고 있다."고 말하는데, 과연 둘 중에 누구 말이 옳을까? 사실 '정지하다'와 '움직인다'는 서로 양립할 수 없는 모순된 이야기잖아. 하지만 갈릴레이는 모든 운동은 상대적이라고 이야기했기 때문에, 두 명의 답은 모두 옳은 것이지. 즉, 동수를 기준으로 보면 사과가 정지해 있고, 정수를 기준으로 보면 사과는 움직이고 있단다. 마찬가지로 "저 자동차는 시속 30km의 속도로 가고 있다."고 할 때, 누구를 기준으로 하는지를 이야기하지 않으면, 아무런 의미가 없단다. 우리는 보통 지구를 기준으로 하기 때문에 누구를 기준으로 하는지를 항상 생략한단다. 하지만 우리가 정지하고 있다고 생각하는 지구도 태양을 기준으로 보면 시속 10만 km로 움직이고 있단다.

"모든 운동은 상대적이기 때문에 속도를 이야기할 때는 기준이 되는 사람 혹은 기준계가 있어야 한다."는 이야기는 상대성이론을 이해하는데, 아주 중요하므로 꼭 기억해 두어야 한단다.

'모든 운동은 상대적이다.'는 말은 이해가 되네요. 그런데 '등속 운동을 하는 모든 관찰자에게는 같은 물리 법칙이 적용된다'는 이야기에서 물리 법칙이란 이야기가 나오니까 갑자기 어려워지네요. 물리 법칙이란 도대체 무엇인가요?

물리 법칙을 모두 이해하려면 어렵지만, 물리 법칙이 무엇인지를 이해하는 것은 어렵지 않단다. 물리 시간에 배우는 모든 법칙들이 모두 물리 법칙이란다. 예를 들면, 뉴턴의 '힘과 가속도의 법칙'이 대표적인 물리 법칙이지. 힘과 가속도의 법칙을 간단히 설명하면, 약한 힘으로 당구공을 치면 당구공이 천천히 굴러 가는

데, 센 힘으로 치면 빠르게 굴러간다는 의미란다.

너무나 당연한 이야기로 들리네요.

그렇다. 모든 물리 법칙은 우리가 살아가면서 경험한 것을 과학자들이 정리해 놓은 것뿐이란다. 다만 이런 법칙을 수학 공식으로 표현하다 보니, 수학을 싫어하는 사람들은 어렵다고 생각할 뿐이지. 가령, 위에 나오는 '힘과 가속도의 법칙'은 'F=ma'라고 표현하지. 덧붙이자면 F는 힘Force, m은 질량mass, a는 가속도acceleration를 의미한단다. 이 식이 의미하는 바는 '자동차가 움직일 때, 자동차의 질량m이 클수록 힘F이 더 들고, 가속a을 많이 할수록 힘F이 더 든다.'는 의미지. 아주 당연한 이야기 아닌가?

그럼 '등속 운동을 하는 모든 관찰자에게는 같은 물리 법칙이 적용된다'는 말은 무슨 뜻이에요.

정지한 사람에게 '힘과 가속도의 법칙'이라는 물리 법칙이 성립하면, 등속 운동을 하면서 움직이는 사람에게도 똑같이 '힘과 가속도의 법칙'이 적용된다는 뜻이란다. 예를 들어, 정지하고 있는 배 안에서 당구를 치거나, 시속 20km로 항해하는 배 안에서 당구를 치거나, 시속 1000km로 날아가는 비행기 안에서 당구를 치거나, 당구공에 똑같은 힘을 주면 똑같은 속도로 운동을 한다는 것이지. 갈릴레이는 1638년 자신의 논문《두 개의 새로운 과학에 관한 수학적 논증과 증명》에서 다음과 같이 언급하였단다.

> "당신이 어떤 큰 배의 선실에 친구와 함께 있다고 가정해 봅시다. 선실에는 파리와 나비가 날아다니고, 금붕어가 들어 있는 어항도 있고, 병이 하나 매달려 있고 그 밑에 큰 그릇이 있는데, 병에서 물이 한 방울씩 떨어지고 있다고 합시다.
>
> **배가 멈춰 있을 때**에 주의 깊게 살펴보면, 파리나 나비는 어느 방향이나 비슷한 속도로 날아다니고, 금붕어는 어항 속에서 한가롭게 헤엄칩니다. 병에서 떨어지는 물방울은 정확히 밑에 있는 그릇으로 떨어집니다. 친구한테 물건을 던진다고 할 때, 이쪽 방향으로 던지는 것과 그 반대 방향으로 던지는 것 사이에 차이를 둘 필요는 없습니다.
>
> 자, 이제 **배가 일정한 속도로 곧바로 움직이고 있다**고 해 봅시다. 주의 깊게 살펴본다면, 이 모든 것이 하나도 달라지지 않음을 알게 될 겁니다. 심지어 당신은 지금 움직이고 있는 배 안에 있는지, 아니면 멈춰 있는 배 안에 있는지도 구별하기 힘들 겁니다."

위 내용을 요약하면, 정지하고 있는 배 안이나 일정한 속도로 움직이는 배 안이나, 그 안에서 일어나는 일(파리와 나비가 날아다니는 일, 물방울이 떨어지는 일, 친구에게 물건을 던지는 일)에 대한 물리 법칙(물방울은 수직으로 떨어지고, 물건은 포물선을 그리며 날아감)

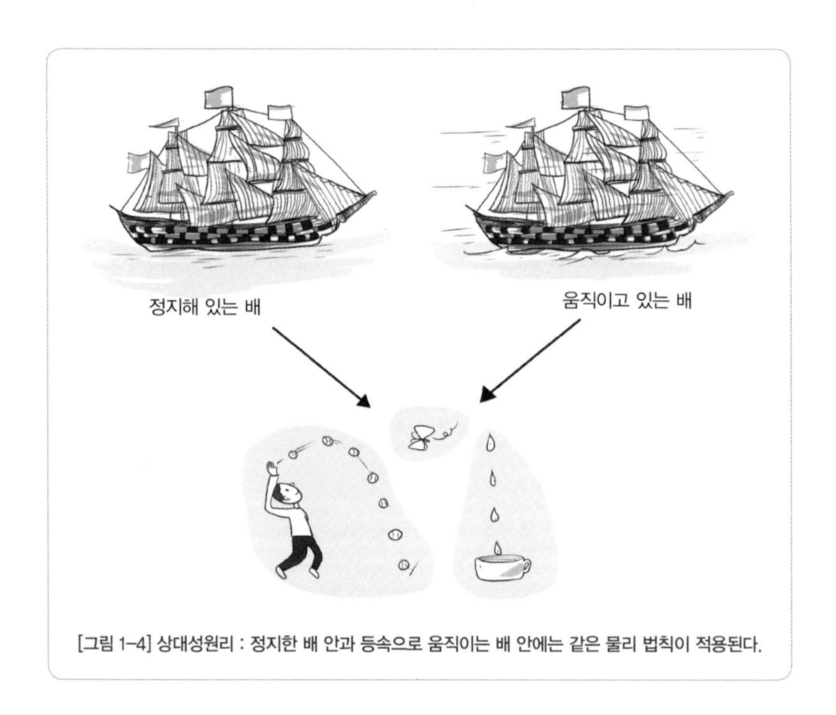

[그림 1-4] 상대성원리 : 정지한 배 안과 등속으로 움직이는 배 안에는 같은 물리 법칙이 적용된다.

이 똑같다는 이야기란다.

사실 이 이야기는 '모든 운동은 상대적이다.'는 말이 사실이라면, 너무나 당연한 이야기겠지. 앞서 기차 이야기에서(정지하고 있는) 정수에게 '힘과 가속도의 법칙'이 성립한다고 생각해보자. 정수가 볼 때 동수는 움직이고 있지만, 동수 입장에서 보면 동수 자신은 정지하고 있단다. 따라서 (정지하고 있는)정수에게 성립된 물리 법칙이 (정지하고 있는) 동수에게도 성립이 되겠지.

이제 이해가 되네요. 그럼 다음 이야기로 넘어갈까요.

아니, 잠깐만! 갈릴레이 상대성원리에서 해야 할 가장 중요한 이야기 하나가 남았단다. '속도 덧셈 법칙'이라는 물리 법칙이란다. 갈릴레이는 정지한 배 안과 등속으로 움직이는 배 안에는 같은 물리 법칙이 성립한다고 이야기했는데, 그런 물리 법칙 중의 하나가 '속도 덧셈 법칙'이란다. 이 속도 덧셈 법칙을 간단하게 설명하면 다음과 같다.

철로 위로 기차가 시속 100km로 달리고 있고, 기차 안에서는 동수가 타고 있다. 동수는 화장실을 가기 위해 자리에서 일어나 기차가 달리는 방향으로 시속 10km 속도로 달려가고 있다. 이때 기차 철로변 옆에 서 있는 정수가 볼 때, 동수는 몇 km로 가고 있는 것으로 보일까? 기차 밖의 정수가 볼 때, 동수의 속도는 기차가 가는 속도 100km/시에 동수가 달려가는 속도 10km/시를 더해서 110km/시로 가는 것처럼 보이겠지. 반대로 동수가 반대 방향으로 달려간다면 90km/시로 가는 것으로 보일거야.

이와 같이 움직이는 물체(기차) 위에서 움직이는 물체(동수)의 속도를 구하려면, 두 물체의 속도를 더하거나 빼면 되는데 이러한 법칙을 '속도 덧셈의 법칙'이라 한단다. 이런 속도 덧셈 법칙을 이용하면 움직이는 두 물체 사이의 상대 속도도 계산할 수 있단다. 예를 들어, [그림1-5]와 같이 성수가 자동차를 타고 시속 20km로 가고 있다고 가정해 보자. 이때 앞쪽에서 시속 30km로 자동차를 향해 날아오는 공이 있다고 하면 정수가 볼 때 이 공의 속도는 얼마일까?

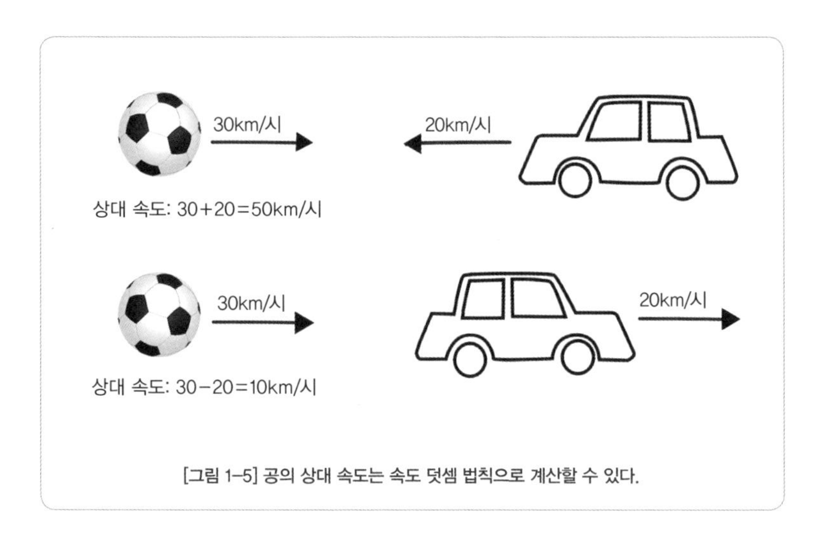

[그림 1–5] 공의 상대 속도는 속도 덧셈 법칙으로 계산할 수 있다.

갈릴레이의 속도 덧셈의 법칙을 이용하여 계산해보면, 시속 30+20=50km가 되겠지. 만약 공이 자동차와 같은 방향으로 날아간다면, 그 공은 시속 30-20=10km로 다가오는 것처럼 보일거야. 이러한 속도 덧셈 법칙도 물리 법칙의 하나란다.

갈릴레이의 상대성원리에서는 "등속 운동을 하는 모든 관찰자에게는 같은 물리 법칙이 적용된다."고 이야기하였는데, 이 이야기에 따르면, 속도 덧셈의 법칙은 지구 위에서만 적용될 수 있는 것이 아니라 태양 위에서도 적용되고, 등속 운동을 하며 날아가는 우주선 안에서도 똑같이 적용되겠지. 그리고 이 속도 덧셈 법칙은 증명할 필요가 없이 이성을 가진 사람이라면 누구나 직관적으로 알 수 있겠지. 속도 덧셈 법칙도 상대성이론을 이해하기 위해 아주 중요한 물리 법칙이므로 반드시 기억하도록 하자.

1-3

코페르니쿠스의 혁명

갈릴레이의 상대성원리가 무엇인지 이제 좀 알 것 같네요. 그런데 아인슈타인 상대성이론도 갈릴레이의 상대성원리와 같은 이야기를 하는 것 같은데 '움직이는 물체의 시간은 느리게 가야하고, 길이는 짧아져야 한다.'는 단서가 붙지만요. 움직이는 물체에서 시간이 느리게 간다는 말은 제 머리로는 잘 믿어지지가 않아요.

정상적인 사람이라면 '시간이 느리게 간다.'는 말은 절대 믿기 어려운 것이 당연하지. 하지만 아인슈타인의 상대성이론은 모두 사실로 밝혀졌단다. 만약 상대성이론의 사실이 아니라면 일본 히로시마에 원자폭탄이 터지지 않았을 것이고, 우리가 날마다 사용하는 전기도 원자력 발전소에서 나오지 않았을 거란다. 이 외에도 수많은 증거가 있지만, 상대성이론에 대해 이야기하면서 하나씩 살펴보기로 하자.

'움직이는 물체에서 시간이 느리게 간다.'는 사실과 원자폭탄이나 원자력 발전소와 무슨 상관이 있는지 전혀 이해가 되지 않네요.

상대성이론을 차례대로 따라가다 보면, '움직이는 물체에서 시간이 느리게 간다.'는 사실에서 원자폭탄이나 원자력 발전소가 탄생되었다는 것을 알 수 있단다. 아인슈타인이 정말 대단하지 않니? 어떻게 이런 것이 가능한지에 대한 이야기는 나중에 나오니까 조금만 기다려 보렴.

만약 시간이 느리게 간다는 것이 정말 사실이라면 대단한 발견이긴 하네요.

그렇지. 하지만 인류의 역사를 보면 아인슈타인의 상대성이론에 견줄만한 발견은 여러 번 있었단다. 그중 가장 대표적인 사건이 바로 코페르니쿠스(Nicolaus Copernicus, 1473~1543년)의 지동설이란다. 지동설은 너도 잘 알다시피, '지구가 태양 주위를 돈다.'는 우주관이란다.

코페르니쿠스가 살았던 시절의 사람들은 지구가 우주의 중심에 있고, 지구를 중심으로 달이나 태양, 그리고 별들이 하루에 한 번씩 지구 둘레를 돌고 있다고 생각하였지. 사실 이런 생각은 당연한 생각이겠지. 만약 네가 학교에서 지동설을 배우지 않았다고 생각해 보자. 그리고 바깥으로 나가 먼 곳을 둘러보자. 가까이는 큰 건물이 있고, 멀리는 큰 산이 있겠지. 또 바다나 강도 있겠지. 아마 정상적인 사람이라면 우리가 발을 딛고 있는 땅은 너무나 커서 절대로 움직이지 않을 터이고, 따라서 그 위에 굳건하게 서 있는 큰 산이나 바다는 모두 제자리에 있다고 생각하겠지. 지구가 태양 주위를 도는 속도는 시속 10만8천 km로, 하늘을 날아가는 비행기보다 100배나 빠르다고 앞서 말했지. 당연히 큰 건물이나 큰 산, 또는 강이나 바다가, 비행기보다 100배나 빠른 속도로 움직이고 있다고 절대로 생각하지 않을 거야. 하지만 코페르니쿠스는 우리가 발을 딛고 서 있는 땅과 저 멀리 보이는 바다가 모두, 비행기보다 100배나 빠른 속도로(당시에는 비행기가 없었으니까, 마차의 수만 배나 빠른 속도로) 움직인다는 생각을 했단다. 우리가 절대로 변할 수 없다고 생각하는 시간이나 물체의 길이가 변한다고 이야기한 아인슈타인과 뭔가 비슷하다는 생각이 들지 않니?

정말 그렇네요. 그렇다면 코페르니쿠스는 왜 지구가 돈다는 생각을 하게 되었을까요?

코페르니쿠스가 이런 생각을 하게 된 것은 어떤 특별한 현상 때문이란다. 그 특별한 현상을 이해하기 위해 고대 중국으로 가 보자.

고대 중국은 농업 국가였단다. 농사를 지으려면 날씨가 따뜻하고, 물이 있어야 하겠지. 그런데 날씨를 따뜻하게 해주는 것은 하늘에 있는 해이란다. 또 농사를 지으려면 물이 있어야 하는데, 물은 하늘에서 비가 내려야 하겠지. 따라서 하늘이라는 존재는 인간을 살릴 수도 있고, 죽일 수도 있는 존재라고 생각하게 되었지. 즉, 하늘은 세상을 지배하는 존재라는 것이지. 그래서 중국인들은 하늘에 관해 연구를 하였지.

먼저 하늘을 보면 가장 빛나는 물체가 2개 있단다. 바로 하나는 해고, 다른 하나는 달이지. 해가 낮의 지배자라면 달은 밤의 지배자란다. 해와 달, 낮과 밤, 밝음과 어둠으로 대립하는 이 둘을 양陽과 음陰이라고 부르고, 급기야 세상의 모든 것이 대립하는 두 가지로 이루어져 있다고 생각하였는데, 이러한 이론을 음양설陰陽說이라고 부른단다.

이후, 이러한 생각은 좀 더 발전하게 되는데, 기원전 200년 경 전국 시대 말기에 탄생한 오행설五行說이 바로 그것이란다. 밤하늘을 쳐다보면 해와 달 외에도 수많은 별들이 있단다. 이 별들을 오랫동안 쳐다보고 있으면, 모든 별들이 북극성을 중심으로 똑같이 회전을 한단다. 사실 별들은 움직이지 않고 모두 제자리에 있지만, 지구가 자전하기 때문에 지구를 기준으로 보면 별들이 회전하는 것처럼 보일 뿐이지.

그런데 그 별들을 자세히 관찰하면, 유독 5개의 별만 그렇지가 않단다. 어떤 때에는 다른 별과 같은 방향으로 이동하다가도 또 어떤 때에는 다른 별과 반대 방향으로 역행하여 움직인단다. 즉, 다른 별들을 정지해 있다고 보면 이 별들은 제 마음대로 움직여 다니는 것처럼 보인단다. 더 중요한 사실은 이 5개의 별들은 다른 별과는 달리 밝기가 계속 변화한단다. 그래서 중국 사람들은 특별한 이 5개의 별들을 오행

[그림 1-6] 장시간 카메라 셔터를 노출시켜 찍은 밤하늘 사진. 별이 동심원을 그리며 돌고 있고, 동심원 중심에 북극성이 있다.

五行이라고 불렀단다. 오행五行은 '다섯五 개의 움직여가는行 별'이란 뜻이란다.

사실 이 5개의 별은 화성, 수성, 목성, 금성, 토성인데, 다른 별과 달리 역행하는 이유는 지구와 마찬가지로 태양의 둘레를 돌기 때문이란다.(물론 이외에도 태양계 내에는 천왕성, 해왕성, 명왕성 등 더 있지만, 이런 행성은 인간의 눈으로는 볼 수 없었고, 망원경이 발명된 후 발견되었단다.) 그리고 이런 별을 행성行星이라고 부르는데, 말 그대로 '움직여 가는行 별星'이란 뜻이란다. 아래 그림은 행성이 역행하는 이유를 보여주는 그림이란다.

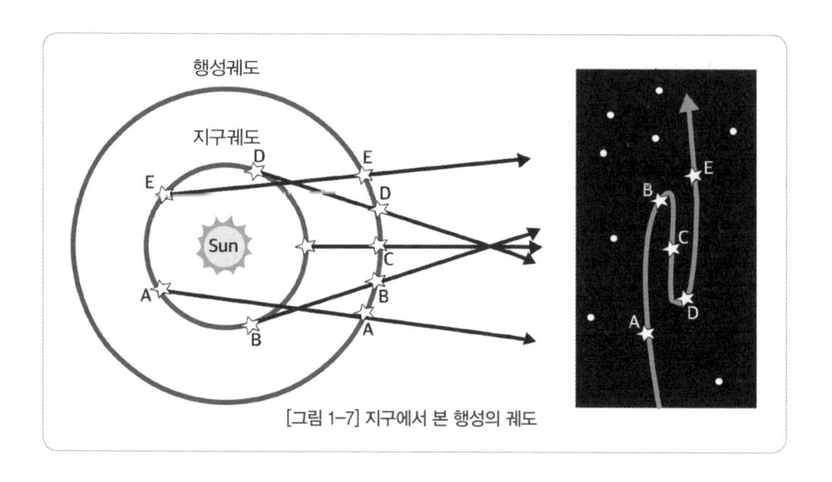

[그림 1-7] 지구에서 본 행성의 궤도

음양과 오행, 즉 해와 달 그리고 5개의 움직이는 별을 모두 합하면 7개가 되는데, 7이란 숫자는 서양에서는 행운의 숫자로 알려져 있다는 것은 너도 알고 있겠지. 7이 행운의 숫자라는 것은 하늘에 떠 있는 것 중 움직이는 7개의 천체 때문이란다. 예를 들어, 기독교 성경을 읽어 보면 7이란 숫자가 수백 번 등장한단다.

하느님이 세상을 만들 때도 7일 동안 만들었고, 제단에 올리는 양의 수도 7마리, 야곱이 이집트에서 7년을 살았고, 죄악도 7가지가 있으며, 성경 맨 마지막의 요한계시록의 등장하는 천사도 7명이란다. 또 일주일 – 일(해), 월(달), 화(화성), 수(수성), 목(목성), 금(금성), 토(토성) – 이 7일인 이유도 이러한 영향 때문이란다.

이처럼 해와 달과 움직이는 5개의 별은 중국 사람만 관심을 보인 것이 아니란다. 고대로부터 르네상스 시절에 이르기까지, 서양의 수많은 학자가 움직이는 5개의 별에 관해 관심을 보였단다. 그리고 그런 학자 중 한 명이 바로 코페르니쿠스란다.

코페르니쿠스는 1473년에 폴란드에서 태어나, 10살 때 아버지를 여의고, 신부인 외삼촌 집에서 자랐는데, 나중에 신학교에 들어가 신학을 공부하면서 천문학에 많은 관심을 가졌단다. 그는 외삼촌의 도움으로 23살의 나이에 폴란드에서 이탈리아로 유학을 갔었단다. 그 많은 유럽 국가 중에서 하필이면 이탈리아로 간 이유는 당시 이탈리아에서 르네상스 운동이 일어나 이탈리아가 유럽 문화와 학문의 중심지였기 때문이지. 코페르니쿠스가 지동설을 구상하게 된 것은 이탈리아 유학 시절 그리스 플라톤주의의 영향을 받아, '우주가 수학적 조화를 이루고 있다.'고 확신하게 된 것이 중요한 계기가 되었지.

네가 초등학교 수학 시간에 자와 컴퍼스를 가지고 삼각형을 그리거나 각도를 이등분하는 문제를 풀어본 적이 있겠지. 자와 컴퍼스만 가지고 푸는 수학 문제는 고대 그리스 사람들이 만들었단다. 고대 그리스 사람들은 자는 직선을, 컴퍼스는 원을 만들 수 있는 도구이며, 직선과 원이 우주의 형상을 이루는 기본이라고 생각했단다. 따라서 모든 별이 원운동을 하는 것은 수학적인 조화라고 생각했단다.

유학을 다녀 온 코페르니쿠스는 성당에서 일하면서 천문학 공부를 계속하였단다. 신부였던 외삼촌이 돌아가시자 성당 옥상에 관측장비를 설치하고는 본격적으로 천체 관측을 시작했지. 코페르니쿠스의 주된 관심사는 5개의 행성이었단다.

"모든 별은 원운동을 하면서 수학적 조화를 이루는데, 왜 5개의 별만 제멋대로 움직일까?"

결국 코페르니쿠스는 이런 생각을 하였단다.

"그래, 지구와 5개의 행성이 태양의 주위에서 원운동을 한다고 생각하면 어떨까?"

사실 이 생각은 기원전 3세기 고대 그리스의 천문학자 아리스타르코스(Aristarchos, BC310?~BC230년?)의 영향을 받았단다. 아리스타르코스는 그의 저서 『태양과 달의 크기와 거리에 대해서』에서 삼각법을 이용하여 태양과 달의 크기와 지구에서의 거리를 계산하였단다. 이 책에서는 지구가 1년에 태양 주위를 한 바퀴 돌고, 밤하늘의 별들이 원운동을 하는 것은 지구가 자전하기 때문이라고 이야기하고 있다. 사실상 인류 역사상 최초의 지동설인 셈이지. 하지만 이 학설은 프톨레마이오스의 천동설에 의해 1500년에 동안 묻혀버렸단다.

코페르니쿠스는 지구와 5개의 행성이 태양 주위를 돈다는 가정을 하고 행성들의 관측했는데, 결과는 놀라웠단다. 행성이 태양 둘레에 원을 그리며 도는 것으로 관측되었기 때문이지. 또한, 행성들의 밝기가 다른 별과는 달리 계속 변하는 이유도 설명할 수 있었단다. 만약 행성들이 지구 둘레를 돈다면 행성의 밝기가 크게 변해야 할 이유가 없지만, 태양의 주위를 도는 경우에는 지구에서 가까이 있을 때는 밝고, 멀어질 때는 어두워지기 때문이지.

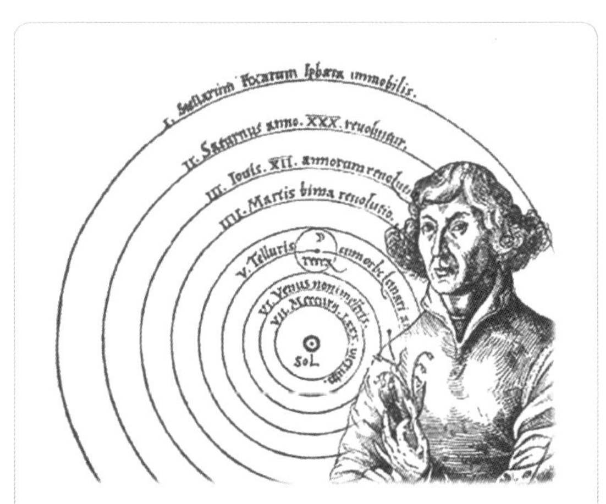

[그림 1-8] 1543년 코페르니쿠스 저서의 《천체의 회전에 관하여》에 실린 우주. 중심에 태양이 있고, 차례대로 수성, 금성, 지구 등이 있다. 또 지구둘레에는 달의 궤적을 그린 원도 있다.

어쨌든 지금은 누구나 지동설을 믿고 있지만, 중세가 막 끝나가는 무렵인 16세기 초에 이 말을 믿은 사람이 얼마나 되었을까? 후세 사람들은 코페르니쿠스의 이러한 주장을 '코페르니쿠스의 혁명revolution'이라고 불렀단다. 사실 과학사에서 새로운 사실이나 원리를 발견한 사건들은 모두 혁명이란다. 지구가 둥글다는 사실을 안 사건도, 그 당시의 사람들이 보면 혁명이었지. 마찬가지로 아인슈타인의 상대성이론도 당시에는 혁명이었단다. 왜냐하면, 이런 과학적 발견은 당시 사람들로서는 일상의 경험과는 동떨어진 것이고 당시의 상식으로는 이해할 수 없었기 때문이지.

결국, 코페르니쿠스가 이런 혁명적인 생각을 한 이유는 '5개의 행성만이 제멋대로 돌아다닌다.'는 특별한 현상에 주목했기 때문이란다. "5개의 행성을 제외한 우주의 모든 천체는 원운동을 하는데, 왜 5개만 원운동을 하지 않을까? 우주의 모든 천체가 수학적 조화를 이루기 위해 원운동을 해야 한다면, 이 5개의 행성도 원운동을 하고 있지는 않을까?" 코페르니쿠스는 이런 생각 끝에 지동설을 생각해 내었단다. 아마 이 5개의 행성이 없었다면 코페르니쿠스는 절대로 지동설을 만들지 못했을 거야.

그렇다면 아인슈타인도 '움직이는 물체의 시간은 느리게 간다.'는 생각을 하게 된 특별한 현상이 있었나요?

당연하지. 아인슈타인의 상대성이론도 탄생 과정이 똑같단다.

19세기 말, 과학자들은 그때까지 알지 못했던 특별한 현상을 발견하였는데, 그 특별한 현상이란 바로 '광속 불변의 법칙'이란 물리 법칙이란다. 아인슈타인은 '광속 불변의 법칙'이라는 특별한 현상으로부터 상대성이론을 만들게 되었지.

1-4

광속 불변의 법칙

아인슈타인이 상대성이론을 만들게 된 계기가 '광속 불변의 법칙'이라고 하였는데, 그럼 광속 불변의 법칙은 무엇인가요?

광속 불변의 법칙은 '빛의 속도는 변하지 않는다'는 법칙으로 구체적으로 말하면 '빛의 속도는 관측자의 속도와 상관없이 항상 일정하다.'는 뜻이란다. 빛의 속도는 초속 30만km인데, 정지한 사람이 속도를 관측하거나 움직이는 사람이 속도를 관측하거나, 빛의 속도는 항상 초속 30만km가 된다는 것이지. 광속 불변의 법칙을 좀 더 쉽게 이해하기 위해 예를 들어 보자. [그림 1-9]는 앞에서 속도 덧셈 법칙에 대해 이야기할 때 나왔던 그림이란다.

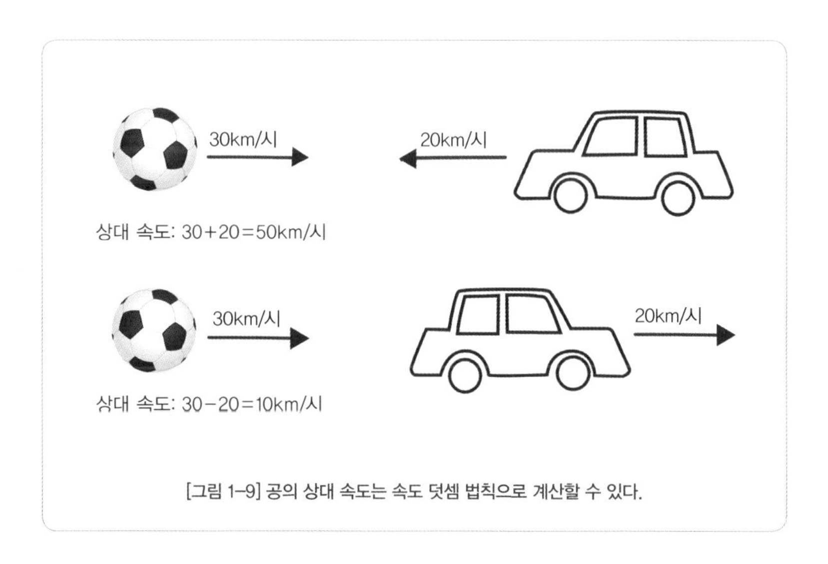

[그림 1-9] 공의 상대 속도는 속도 덧셈 법칙으로 계산할 수 있다.

정수가 자동차를 타고 시속 20km로 가고 있다고 할 때, 앞쪽에서 시속 30km로 자동차를 향해 날아오는 축구공이 있다고 하면, 정수가 볼 때 이 공의 속도는 시속 30+20=50km가 된다고 했지. 만약 공이 자동차와 같은 방향으로 날아간다면, 그 공은 시속 30-20=10km로 다가오는 것처럼 보일 거야. 앞에서도 이야기했듯이 이러한 속도 덧셈의 법칙은 증명할 필요도 없이 이성을 가진 사람이라면 직관적으로 알 수 있겠지.

그런데 광속 불변의 법칙에서는 이러한 속도 덧셈의 법칙과 모순이 되는 현상을 보인단다. 그림과 같이 태양을 향해 초속 20만km로 날아가는 우주선을 상상해보자.

이때 빛이 초속 30만km로 우주선을 향해 날아올 경우, 우주선에서 측정한 빛의 속도를 속도 덧셈의 법칙을 이용하여 계산하

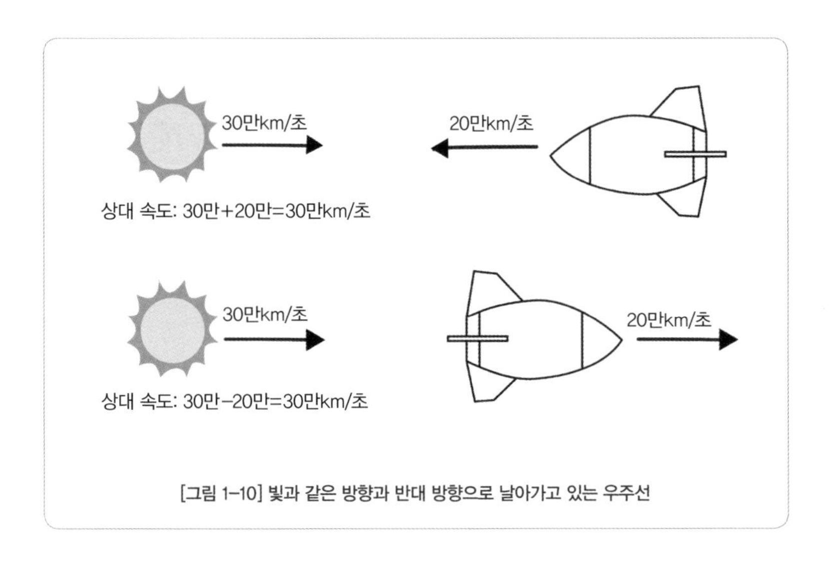

[그림 1-10] 빛과 같은 방향과 반대 방향으로 날아가고 있는 우주선

면, 초속 30만+20만=50만km가 되어야 하겠지. 하지만 태양을 향해 가면서 태양에서 오는 빛의 속도를 측정해도 빛의 속도는 초속 30만km이고, 태양에서 멀어져 가면서 태양에서 오는 빛의 속도를 측정해도 빛의 속도는 초속 30만km라는 것이야. 정말 놀랍지 않니? 갈릴레이의 상대성이론에 따르면, 속도 덧셈의 법칙이라는 물리 법칙은 등속 운동을 하는 모든 관측자에게 똑같이 적용되어야 함에도 빛에는 속도 덧셈의 법칙이 적용되지 않는다는 것이지.

광속 불변의 법칙은 누가 발견했나요?

광속 불변의 법칙은 19세기 중반 영국의 물리학자인 맥스웰(Maxwell, 1831~1879년)이 처음으로 발견했단다. 역사적으로 가장 유명한 물리학자를 꼽으라면 첫 번째가 아인슈타인, 두 번째가 뉴턴을 꼽는단다. 그렇다면 세 번째로 유명한 사람은 누구일까? 세 번째로 유명한 사람에 대해서 의견이 분분하지만, 대부분 영국의 물리학자인 맥스웰을 꼽는단다.

1위 아인슈타인

2위 뉴턴

3위 맥스웰

[그림 1-11] 역사상 가장 유명한 물리학자 순위. 뉴턴은 눈에 보이는 세계(물질)의 물리 법칙을, 맥스웰은 눈에 보이지 않는 세계(전자기파)의 물리 법칙을 만들었고, 아인슈타인은 이 두 가지 물리 법칙을 통합하였다.

뉴턴은 우리가 보통 눈으로 보는 세계의 물리 법칙, 즉 태양 주위를 도는 지구나 포물선을 그리며 날아가는 포탄, 당구공이 다른 공에 부딪혔을 때의 움직임 등을 공식으로 만들었단다. 네가 중학교에서 배웠던 뉴턴의 만유인력 법칙과 운동 법칙이 바로 그런 것이지. 맥스웰은 눈으로 보이지 않는 세계의 물리 법칙, 즉 전기와 자기에 관한 법칙을 공식으로 만들었단다. 이름하여 '맥스웰의 4가지 방정식'이란다. 이 방정식은 우리가 고등학교 물리 시간에 배운 암페어 법칙, 패러데이 법칙, 쿨롱 법칙 등을 모두 미분방정식을 이용해 공식화해 놓은 것이란다. 다음에 나오는 수식이 바로 맥스웰의 4가지 방정식인데, 이 방정식을 네가 이해할 필요는 전혀 없다. 다만 너무나 유명한 공식이라서 한번 써본 것뿐이란다.

$\nabla \times H = J + \partial D/\partial t$(암페어 법칙)

$\nabla \times E = -\partial B/\partial t$(패러데이 법칙+로렌츠 법칙)

$\nabla \cdot D = \rho$(가우스 법칙+쿨롱 법칙)

$\nabla \cdot B = 0$(비오 및 사바르 법칙)

이 방정식들은 매우 어려워 대학에서 물리학이나 전기공학을 전공하는 사람만이 배우기 때문에 일반인들에게는 잘 알려지지 않았을 뿐더러, 맥스웰이란 이름도 잘 알려지지 않았지. 어려운 맥스웰 방정식에 대해서는 여기에서 설명하지 않겠지만, 이 방정식에는 이전까지 알려지지 않은 완전히 새로운 사실이 숨어 있단다. 그 새로운 사실이란, 아인슈타인의 상대성이론을 탄생시킨 '빛의 정체'란다. 아인슈타인의 상대성이론을 따라가면 가장 많이 등장하는 말이 '빛'이라는 단어란다. 한마디로 말해, 상대성이론은 빛에서 출발하여 빛에서 끝난다고 할 수 있다. 그리고 맥스웰 방정식은 이러한 빛의 정체를 낱낱이 밝혀주고 있단다. 이제 그 방정식에 숨어있는 무시무시한(?) 비밀을 살펴보자.

맥스웰은 자신이 만든 방정식을 풀다 보니 놀랍게도 파동방정식이 만들어졌고, 따라서 전자기(전기와 자기)는 파동波動(파의 움직임)의 일종이라는 결론을 얻었단다. 지금은 누구나 전자기가 파동이라는 것을 모두 알고 있지. 전파電波, 전자파電磁波, 전자기파電磁氣波 등의 단어에 파波자가 붙는 이유가 파동이기 때문이란다. 맥스웰은 그의 방정식에서 전자기파의 속도를 구해보니 초속 30만km가 나왔단다. 전자기파의 속도가 초속 30만km라는 것은 당시 과학자들이 측정한 빛의 속도와 같았지. 더욱이 빛도 파동의 일종이라는 사실은 이전부터 알려진 사실이었단다. 그래서 맥스웰은 빛이 전자기파의 일종이라고 생각하였다. 물론 지금의 과학자들은 '빛이 전자기파의 일종이다.'라는 것을 당연하게 받아들이지만, 당시로써는 너무나 획기적인 일이었단다. 왜냐하면, 빛은 우리의 생활과 밀접하게 관련되어 있으면서도 빛의 정체가 무엇인지에 대해서는 아무도 몰랐기 때문이지. 이후 다른 사람에 의해 여러 가지 종류의 전자기파가 발견되었는데, 일반적으로 전자기파의 파장에 따라 전파, 마이크로파, 적외선, 가시광선, 자외선, X선, 감마선 등으로 나누어진단다.

이야기가 주제에서 조금 벗어나지만, 전자기파에 대해 조금 더

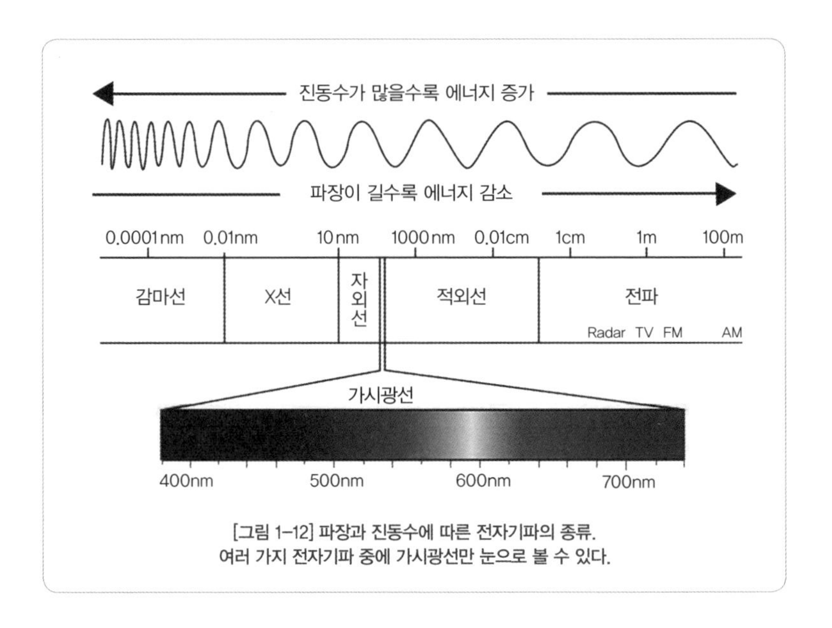

[그림 1-12] 파장과 진동수에 따른 전자기파의 종류.
여러 가지 전자기파 중에 가시광선만 눈으로 볼 수 있다.

알아보자.

전자기파는 파장이 짧을수록 진동수는 많아진단다. 또 진동수가 많을수록 에너지가 크단다. 예를 들어, 방사성 물질에서 나오는 전자기파인 감마선이나 X선은 에너지가 매우 커서 우리 몸의 세포를 파괴하지만, TV 안테나나 휴대폰에서 나오는 전자기파인 전파는 우리 몸에 영향을 거의 주지 않는단다.

또 가시광선을 포함한 모든 전자기파는 색이 없단다. 그런데도 우리에 눈에 색이 보이는 이유는 가시광선이 눈의 망막에 있는 분자들을 진동시켜서 그 신호가 뇌까지 전달되어 뇌가 색을 느끼는 거지. TV나 휴대폰 안테나도 사람의 망막과 비슷하단다. 안테나가 전자파를 감지하면, 안테나 속의 전자가 진동하면서 약한 전류가 생성되고 이 전류를 증폭시켜 TV를 보거나 휴대폰으로 통화를 할 수 있는 거지. 요약하면, 전자기파는 진동하면서 초속 30km로 퍼져나가면서 에너지를 전달한단다.

그런데 맥스웰이 발견한 더 중요한 사실은 전자기파의 속도(초속 30만km)는 관측자의 운동 속도와 상관없이 항상 일정한 상수常數라는 사실이란다. 갈릴레이의 상대성원리에 의하면 모든 물체의 운동 속도는 관측자의 속도에 따라 다르게 보인다고 했지만, 빛의 속도는 관측자의 속도에 관계없이 항상 초속 30만km라는 것이지. 예를 들어, 정지한 사람이 보더라도 빛의 속도는 초속 30만km이고, 초속 30만km의 우주선을 타고 가는 사람이 보더라도 빛의 속도는 초속 30만km라는 것이야. 즉, 앞에서 이야기한 갈릴레이의 상대성원리에 어긋나는 것이지.

당시 과학계에서는 뉴턴의 고전물리학과 맥스웰이 발견한 전자기학의 세계에는 서로 다른 법칙이 성립한다고 생각하였기 때문에 전자기파(빛)의 속도가 항상 일정하다는 것을 그리 심각하게 받아들이지 않았단다. 그리고 이러한 사실은 몇몇 학자들만 알고 있었단다.

맥스웰이 발견한 광속 불변의 법칙은 순전히 이론적인 발견이네요. 그럼 광속 불변의 법칙이 실험으로 증명되었나요?

그럼! 1887년 미국에서 두 명의 물리학자 마이컬슨(Michelson A.A.)과 몰리(E.W. Morley)는 너무나 유명한 '마이컬슨-몰리의 실험'을 하였단다. 물론, 마이컬슨과 몰리는 바다 건너 영국의 맥스웰이 '빛의 속도는 일정하다.'는 것을 이론적으로 증명한 사실을 모르고 있었단다. 이 실험에서 마이컬슨과 몰리는 지구가 공전하는 방향에서 오는 빛과 반대 방향에서 오는 빛의 속도를 측정하였단다.

[그림 1-13] 마이컬슨과 실험 장치

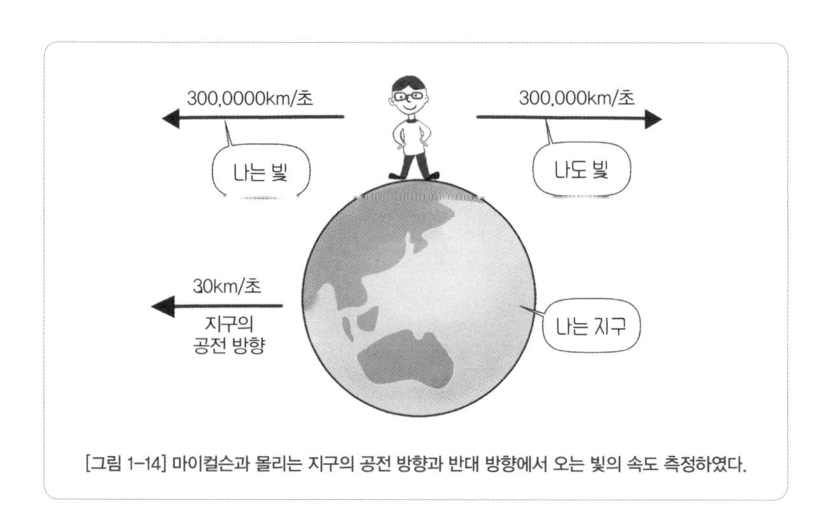

[그림 1-14] 마이컬슨과 몰리는 지구의 공전 방향과 반대 방향에서 오는 빛의 속도 측정하였다.

당시까지 절대 진리라고 생각했던 속도 덧셈의 법칙에 대입해서 예상되는 빛의 속도를 계산해 보면 빛이 지구와 같은 방향으로 갈 때는 300,000km-30km=299,970km가 되어야 하고, 반대로 빛과 반대 방향으로 갈 때는 300,000km+30km=300,030km가 되어야 하겠지. 하지만 마이컬슨과 몰리가 측정한 빛의 속도는 항상 똑같이 30만km로 측정이 되었단다. 마이컬슨과 몰리는 실험을 아주 정밀하게 하였지만, 전혀 생각하지 않은 결과가 나와 실패한 실험으로 간주하고 그 결과를 무시하였단다. 이후, 실험은 계속 되었는데, 빛이 오는 방향을 아무리 바꿔 봐도 빛의 속도 30만km는 변하지 않았단다. 지금은 마이컬슨-몰리 실험이 매우 흔한 실험이 되어 웬만한 대학교 실험실에서도 이루어지고 있지만 당시에 마이컬슨과 몰리는 '빛의 속도는 변하지 않는다.'는 너무나 중요한 사실을 발견한 자신들의 실험이 실패했다고 생각했기 때문에 반어적으로 '역사상 가장 유명한 실패한 실험The most famous failed experiment in history'으로 불리고 있단다. 마이컬슨은 광속 불변의 법칙을 증명한 최초의 실험으로 1907년 미국인 최초로 노벨상을 받았단다.

그럼, 빛의 속도 30만 Km/초는 어떤 경우에도 변하지 않나요?

그렇지는 않된다. 빛의 속도 30만km/초는 진공 속에서의 속도를 말한단다. 만약 빛(전자기파)이 물, 유리, 다이아몬드 등과 같이 투명한 물질 속에서는 속도가 느려진단다. 빛이 물이나 유리에 도달하면 가장 먼저 만나는 원자가 빛을 흡수하고, 흡수한 빛을 다시 방출한단다. 그러면 그다음 원자가 빛을 흡수하고, 흡수한 뒤 다시 방출한단다. 이와 같은 일이 반복되면서 빛이 물이나 유리를 통과하기 때문에 빛(전자기파)이 흡수되고 방출되는 시간만큼 느려진단다.

아래의 표는 여러 가지 물질 속에서의 광속이란다.

물	22.5만 Km/초
유리	20.5만 Km/초
다이아몬드	12.4만 Km/초

공기 속에서도 속도가 느려지지만 무시해도 좋을 정도란다.

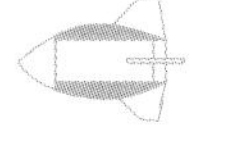

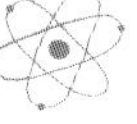

"대단하다.
우리가 지난주까지 진리라고 믿었던 모든 것이
이제 더 이상 진리가 아니다."

- 아인슈타인의 강연을 들은 어느 대학생 -

2장

특수상대성이론
등속도 세계의 물리 법칙

2-1

동시성의 파괴

움직이는 물체의 시간은 다르게 흐른다.

광속 불변의 법칙이 갈릴레이의 상대성원리와 모순이 된다는 사실에 대해 아인슈타인은 어떤 생각을 했나요?

아인슈타인이 특수상대성이론을 발표하기 1년 전인 1904년, 그는 '빛의 속도가 항상 일정하다는 사실이 왜 갈릴레이의 상대성원리와 모순이 되는가?'라는 생각으로 고민에 빠졌단다. 빛(전자기파)도 파동의 일종이고 속도를 가지고 있다면, 속도 덧셈의 법칙을 만족해야만 함에도 빛은 속도 덧셈의 법칙을 만족하지 않는다는 것이지.

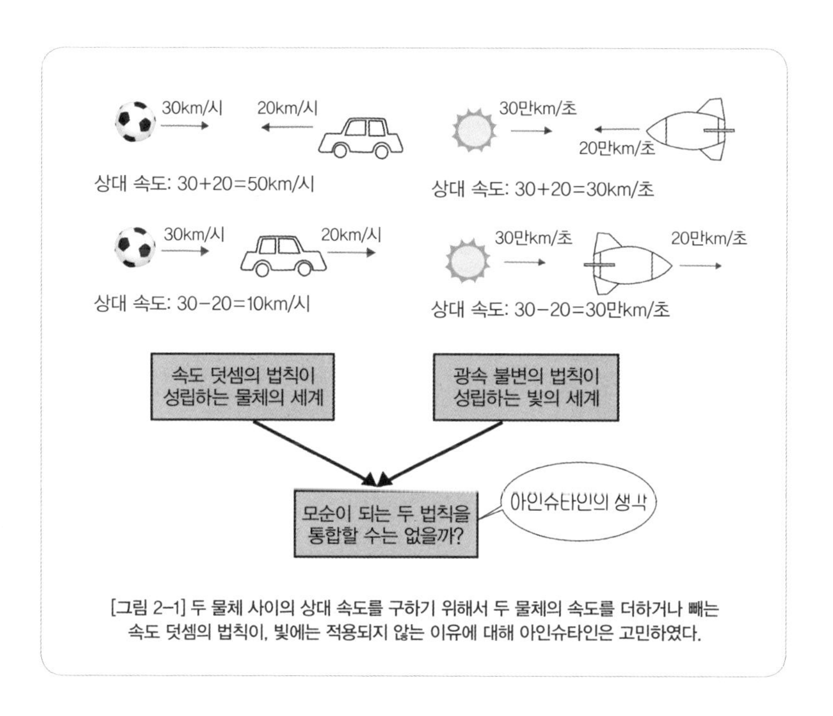

[그림 2-1] 두 물체 사이의 상대 속도를 구하기 위해서 두 물체의 속도를 더하거나 빼는 속도 덧셈의 법칙이, 빛에는 적용되지 않는 이유에 대해 아인슈타인은 고민하였다.

아인슈타인은 서로 모순이 되는 속도 덧셈의 법칙과 광속 불변의 법칙을 어떻게 하면 하나의 법칙으로 설명할 수 있을지에 대해 고민하였다. 결국 다음 해 그 고민을 풀었는데, 당시 그는 이런 글을 남겼단다.

"다행히도 친구 한 명이 이 문제에서 벗어나도록 도와주었다. 나는 어느 날 그를 찾아가 이 문제에 대해 이야기했다. 우리는 여러 가지 이야기를 나누었다. 그러던 중 갑자기 깨달음이 찾아왔다. 시간 개념의 분석. 그것이 해답이었다."

아인슈타인이 친구라고 이야기 한 사람은 특허국에서 함께 일하던 베소(Besso, 1873~1955년)라는 사람인데, 그와 이야기를 나누고 5주 후 특수상대성이론을 완성하여, 독일 물리학계의 주요 저널인《물리학 연보》에 실었단다. 특수상대성이론 이야기를 계속하기 전에, 시간이란 무엇인가에 대해 잠깐 생각해보지. 정상적인 생각을 하는 사람이라면, 시간은 절대적이어서, 어떤 사람에게나 똑같고, 똑같이 흘러간다고 생각하겠지. 하지만 아인슈타인에게 시간이란 단지 사건이 일어난 순서라고 생각했단다. 그리고 아인슈타인은 정지해 있는 사람과 움직이고 있는 사람에게는 서로 사건의 순서가 달라진다(시간이 다르게 간다)고 생각했지.

정지해 있는 사람과 움직이고 있는 사람에게는 서로 사건의 순서가 달라진다고요? 아인슈타인은 어떻게 그런 생각을 하게 되었나요?

아인슈타인은 사고 실험思考 實驗, thought experiment으로부터 그런 결론을 얻었단다. 사고 실험이란 실제 실험실에서 하는 실험이 아니라, 머릿속에서 생각이나 상상만으로 하는 실험을 말한단다. 그럼 아인슈타인이 한 사고 실험을 보자.

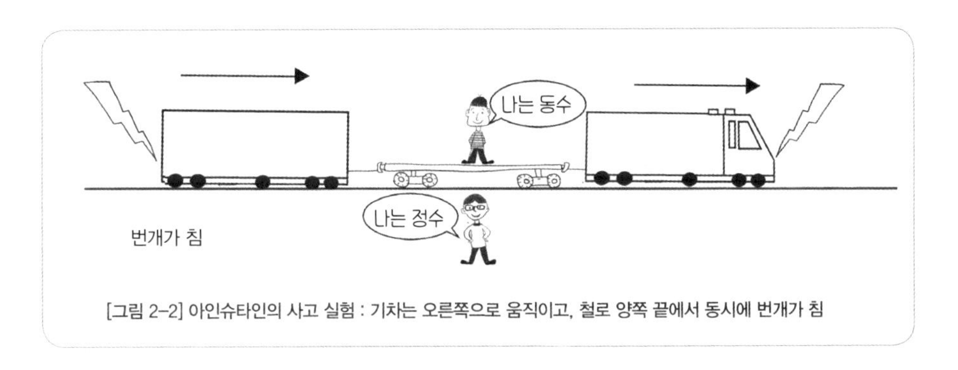

[그림 2-2] 아인슈타인의 사고 실험 : 기차는 오른쪽으로 움직이고, 철로 양쪽 끝에서 동시에 번개가 침

위 그림에서와 같이 오른쪽으로 움직이고 있는 기차에는 동수가 타고 있고, 철로변에는 정수가 서 있다. 동수와 정수가 같은 위치에 있고 철로 양쪽 끝에서 동시에 번개가 쳤다고 했을 때 동수와 정수는 동시에 번개가 쳤다고 생각할까?

당연히 동시에 번개가 쳤다고 생각하겠지요.

하지만 자세히 살펴보면 그렇지 않단다. 번개를 친 1초 후, 기차를 탄 동수는 오른쪽의 번개를 보면서, 오른쪽 번개가 먼저 쳤다고 이야기를 하겠지. 그리고 2초 후 번개를 친 두 지점의 중간에 있는 정수는 왼쪽과 오른쪽 번개를 동시에 보면서, 양쪽에서

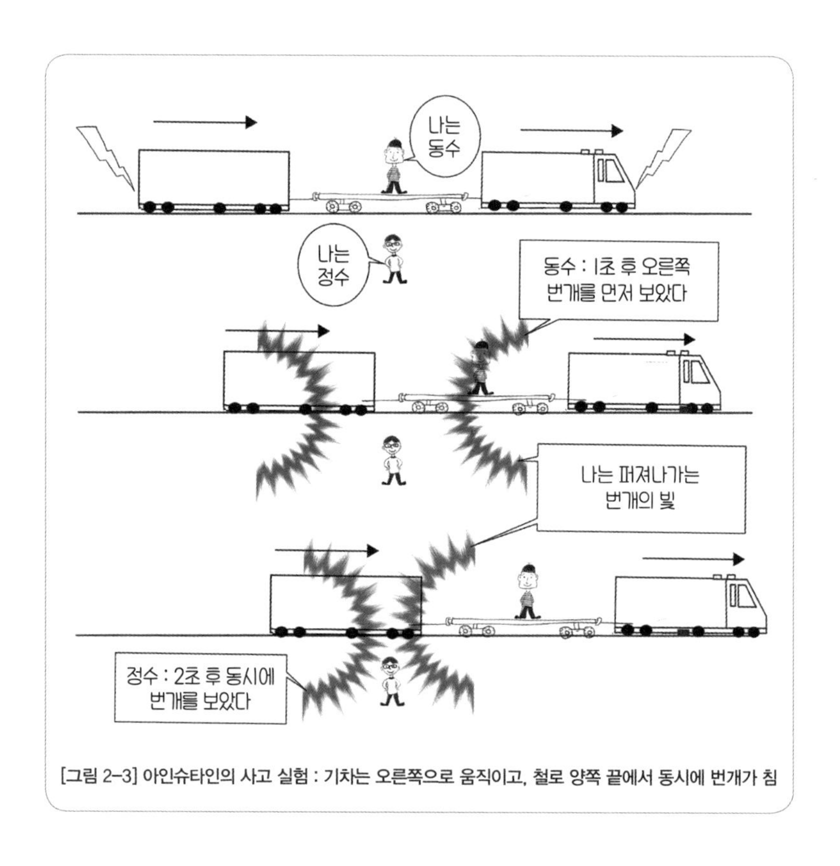

[그림 2-3] 아인슈타인의 사고 실험 : 기차는 오른쪽으로 움직이고, 철로 양쪽 끝에서 동시에 번개가 침

동시에 번개가 쳤다고 이야기하겠지. 여기서 말하는 1초와 2초는 실제 시간은 아니란다. 번개 빛이 오는데 그렇게 많은 시간이 걸리지는 않으니까. 그냥 시간의 순서를 이야기한다고 생각하렴.

자 이제 내가 질문을 해보자.

"위의 두 사람은 서로 모순되는 이야기를 하고 있다. 똑같은 사건을 두고 동수는 오른쪽 번개가 먼저 쳤다고 이야기하고, 정수는 동시에 번개가 쳤다고 이야기하니까. 그렇다면 둘 중 누가 옳을까?"

[그림 2-4] 사과는 움직이고 있을까? 정지하고 있을까?

앞에서 갈릴레이의 상대성원리에 대해 이야기할 때, "달리고 있는 기차 안 탁자에 놓인 사과가 움직이고 있느냐? 정지하고 있느냐?"는 질문을 한 것을 기억하니? 기차 안에 앉아 있는 동수가 볼 때는 사과가 정지해 있고, 기차 밖에 있는 정수가 볼 때는 사과는 움직이고 있다고 이야기하였지. 그리고 이 둘의 이야기는 모두 옳다고 했지.

이런 사실에서, 갈릴레이는 사과가 얼마나 빠른 속도로 움직이는지 이야기할 때 그 사과를 누가 보느냐(여기에서는 동수가 보았는지 정수가 보았는지)를 지정하지 않으면, 사과의 속도라는 것이 의미가 없다고 생각하였지.

아인슈타인의 생각도 똑같난다. 어떤 사건이 일어난 순서(시간)를 이야기할 때, 그 사건을 누가 보느냐(여기에서는 동수가 보았는지 정수가 보았는지)에 따라 순서가 달라진다는 이야기이지. 위의 사고 실험에서 정수는 번개가 동시에 쳤다고 이야기하지만, 동수는 오른쪽 번개가 먼저 쳤다고 이야기하였지.

이런 사실에서, 아인슈타인은 어떤 사건이 일어난 순서(시간)를 이야기할 때 그 사건을 누가 보느냐(여기에서는 동수가 보았는지 정수가 보았는지)를 지정하지 않으면, 그 시간이라는 것이 의미가 없다고 생각하였단다. 사실 특수상대성이론 전체를 통해 가장 중요한 개념이 바로 이 한 줄로 요약될 수 있단다.

지금까지 우리에게 시간(사건의 순서)이란 누구에게나 똑같다고 생각하였지만, 아인슈타인의 상대성이론에서는 시간도 다른 물리량(예를 들면, 속도)과 마찬가지로, 절대적인 것이 아니라 측정하는 기준계에 따라 달라지는 상대적인 양으로 생각하였단다. 아인슈타인은 나중에 이렇게 이야기하였단다.(괄호 안의 내용은 이해를 돕기 위해 임의로 붙였단다.)

"상대성이론이 발표되기 전에는 물리학에서는 서로 말하지 않아도 시간에 대한 언급이 절대적인 중요성을 갖고 있다고 생각했습니다.(중략) 그런 가정(모든 사람에게 시간은 똑같이 간다라는 시간의 절대성)은 동시성에 대한 정의와 잘 들어맞지 않습니다.(정지한 사람이 동시에 일어났다고 보는 사건이 움직이는 사람이 보는 경우에는 동시가 아니다.) 만약 우리가 기존 가정을 포기한다면(정지한 사람과 움직이는 사람의 시간이 같다는 가정을 포기한다면), 진공에서의 빛의 전자에 관한 법칙(광속 불변의 법칙)과 (갈릴레이의) 상대성원리가 충돌하는 일이 없을 것입니다."

아인슈타인은 '시간은 모든 사람에게 절대적이다.'라는 개념을 버림으로써 그 해답을 찾았단다. 즉, 아인슈타인은 정지한 사람이나 움직이고 있는 사람에게 시간은 똑같이 흘러간다는 생각을 버림으로써, '광속 불변의 법칙'이 갈릴레이의 '상대성원리'와 충돌하는 문제를 해결하였단다.

그래도 '광속 불변의 법칙'이 '움직이는 사람의 시간은 다르게 간다'는 사실과 어떤 연관성이 있는지 잘 모르겠네요.

이해를 돕기 위해 아인슈타인의 생각을 다른 각도로 살펴보자. 상식적으로 생각하면 정지한 사람이 본 빛의 속도와 움직이는 사람이 본 빛의 속도는 달라야 하겠지. 그럼에도 빛의 속도는 항상 초속 30만km이지. 그렇다면 빛의 속도가 일정하기 위해 움직이는 사람의 시간이 다르게 간다고 생각하면 어떨까? 아인슈타인은 정지한 사람이 보거나 움직이는 사람이 보거나, 빛의 속도(=거리/시간)는 똑같이 초속 30만 km라면, 움직이는 사람이 가진 시계의 시간은 달라져야 한다고 생각했단다. 그리고 그런 근거가 바로 위에서 이야기한 사고 실험이란다. 즉, 정지한 사람이 본 사건의 순서(시간)와 움직이는 사람이 본 사건의 순서(시간)가 다르다는 이야기지.

이런 생각은 사실 코페르니쿠스의 생각과 비슷하단다. 앞에서 이야기한 코페르니쿠스의 생각을 다시 한번 인용해 보자.

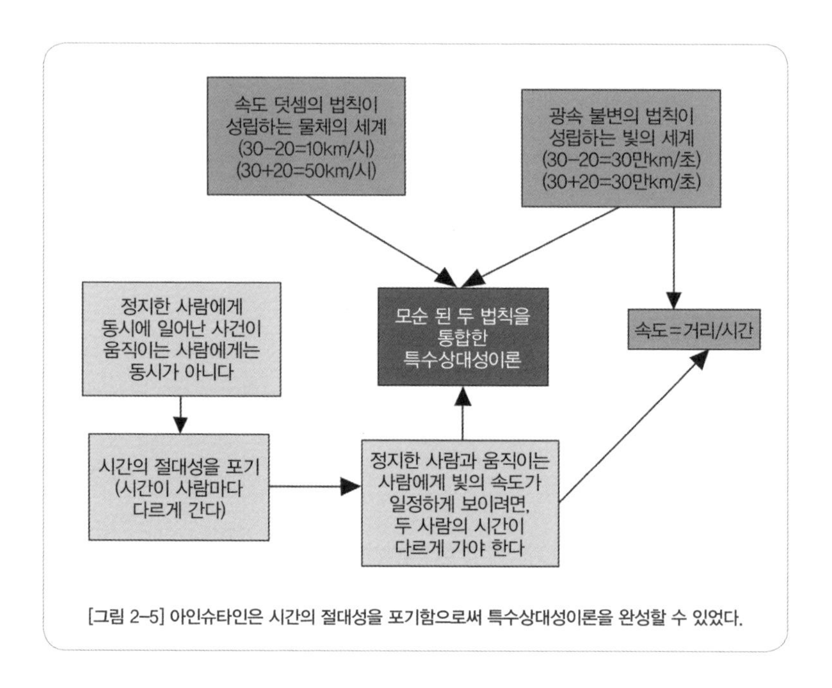

[그림 2-5] 아인슈타인은 시간의 절대성을 포기함으로써 특수상대성이론을 완성할 수 있었다.

"모든 별들은 원운동을 하면서 수학적 조화를 이루는데, 왜 5개의 별만 제멋대로 움직일까? 그래, 지구와 5개의 별이 태양의 주위에서 원운동을 한다고 생각하면 어떨까?"

아인슈타인의 생각은 다음과 같다.

"속도 덧셈의 법칙을 포함한 모든 물리 법칙은 갈릴레이의 상대성원리가 적용되는데, 왜 빛은 속도 덧셈의 법칙이 성립되지 않을까? 그래, 움직이는 사람의 시간이 다르게 간다고 생각하면 어떨까?"

코페르니쿠스가 생각한 "지구가 움직인다."는 생각은 당시로써는 대단한 생각의 전환이었지. 당시 누구도 코페르니쿠스의 말을 믿지 않았단다. 아인슈타인도 코페르니쿠스와 마찬가지로 생각의 전환을 한 것뿐이란다. 그리고 "움직이는 사람의 시간이 다르게 간다."는 아인슈타인의 말을 처음에는 아무도 믿지 않았단다. 하지만 지금은 네가 코페르니쿠스의 지동설을 믿듯이, 과학자들도 아인슈타인의 상대성이론을 믿는단다.

나중에 자세하게 이야기하겠지만, 아인슈타인은 시간의 절대성뿐만 아니라 공간의 절대성도 함께 포기했단다.

2-2

움직이는 물체의 시간이 느리게 가는 이유

정지한 사람과 움직이는 사람의 시간은 다르게 간다고 했는데, 얼마나 다르게 가나요?

아인슈타인은 정지한 사람의 입장에서 보면 움직이는 사람의 시간은 느리게 간다고 했지. 그럼 얼마나 느리게 가는지 사고 실험을 해보자.

아래 그림을 보면 정지해 있는 로켓 안에서 엄마의 품에 아기가 안겨 있고, 로켓 밖에서는 정수가 그 모습을 보고 있다. 정수는 아기의 심장이 규칙적으로 뛰는 것을 보았고(눈으로 아기 가슴이 콩닥콩닥 뛰는 것을 볼 수 있다고 가정하자), 자신의 시계로 재어 보니 정확하게 1초에 한 번씩 뛰었다. 아기 심장이 한번 뛰기를 시작하

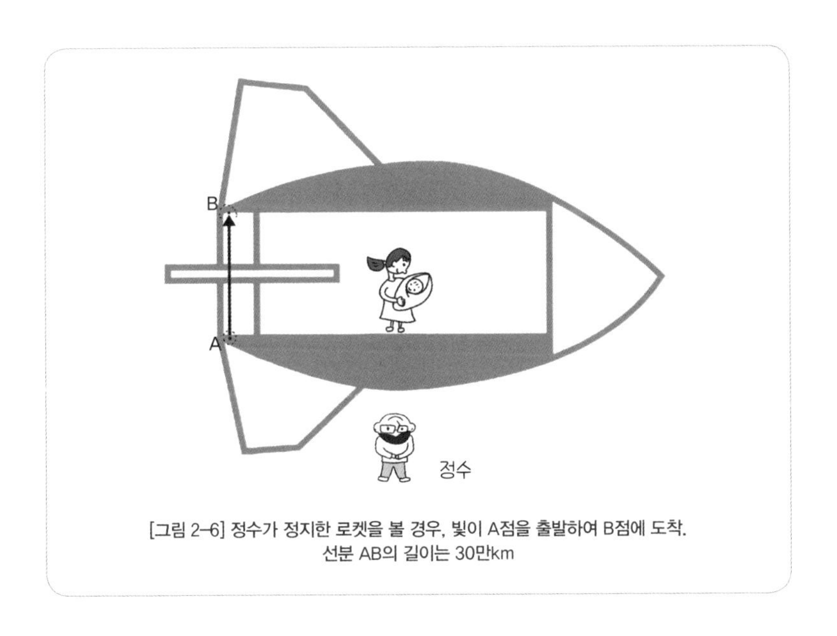

[그림 2-6] 정수가 정지한 로켓을 볼 경우, 빛이 A점을 출발하여 B점에 도착. 선분 AB의 길이는 30만km

려는 순간, 로켓 바닥의 A점에서 천정을 향해 빛을 수직으로 쏘았다. 1초 후 이 빛은 로켓의 천장에 있는 B점에 도달했고(로켓의 천정이 엄청나게 높아 높이가 30만km가 된다고 가정하면 되겠지.), 그 순간 아기의 심장은 한번 뛰기를 완료했단다. 이야기가 좀 어려워 보이는데 간단히 말하면, 빛이 30만km를 가는 동안(1초 동안) 아기의 심장이 한번 뛰었다는 이야기란다. 따라서 정수는 로켓 안에서 아기를 보면서 이렇게 말할 거야.

"아기의 심장은 1초간 한번 뛰었다."

다시 한번 사고 실험을 해보자.

이번에도 똑같은 로켓 안에서 엄마의 품에 아기가 안겨 있고, 로켓 밖에서는 정수가 그 모습을 보고 있다. 조금 전과 다른 점은 로켓이 왼쪽에서 오른쪽으로 빠르게 날아가고 있다. 빛이 로켓 바닥의 A점에서 출발할 때 아기의 심장은 한번 뛰기 시작했고, 빛이 로켓의 천장에 있는 B점에 도달할 때 아기의 심장은 한번 뛰기를 완료했단다. 이때 아기의 심장이 한번 뛰는 동안 시간이 얼마나 걸렸을까?

당연히 1초겠지요? 설마 로켓의 속도가 빨라지면 아이의 심장도 빨리 뛴다는 비과학적인 이야기를 할 건 아니겠지요?

그래. 당연히 1초라고 이야기하겠지만, '빛의 속도는 절대로 변하지 않는다'는 사실을 한번 상기해보고, 다시 한번 이 문제를 살

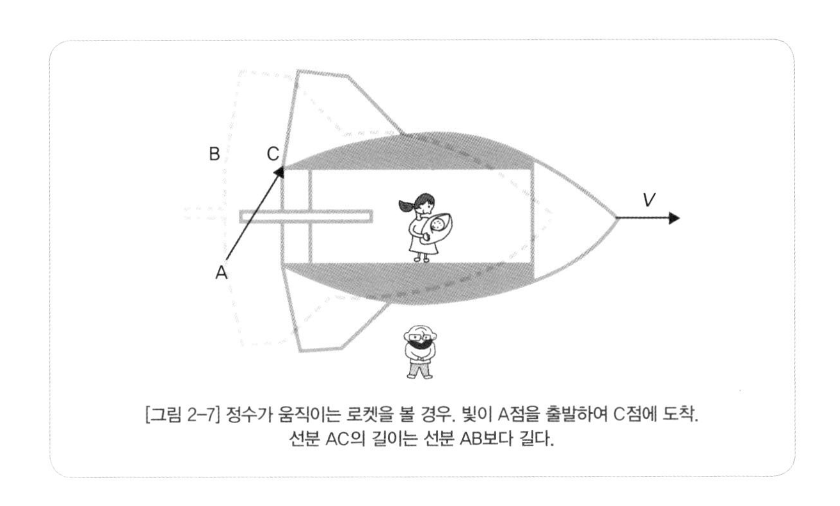

[그림 2-7] 정수가 움직이는 로켓을 볼 경우. 빛이 A점을 출발하여 C점에 도착.
선분 AC의 길이는 선분 AB보다 길다.

펴보자.

위 그림에서 아기 심장은 한번 뛰기 시작하는 순간, 빛은 바닥의 A점을 출발하였다. 얼마 후 빛은 천장의 B점에 도착하겠지. 그런데 정수가 볼 때 B점은 원래의 자리에 있지 않고 로켓이 앞으로 간 만큼 이동하겠지. 당연히 빛은 바닥에서 수직으로 가지 않고 비스듬히 가게 된단다.

정지한 로켓([그림2-6])에서는 아기의 심장이 한번 뛰는 데 1초가 걸렸다. 1초가 걸린 이유는 빛이 선분 AB를 통과하는데 1초가 걸렸기 때문이지. 하지만 빠르게 날아가고 있는 로켓에서 아기의 심장은 [그림2-7]의 선분 AC 사이에 빛이 지나간 시간 동안 한 번 뛰었지.

그런데 선분 AB와 선분 AC의 길이를 비교해 보면, 선분 AC의 길이가 길단다. 이야기를 좀 더 쉽게 하기 위해, [그림2-7]에서 선분 AC의 길이가 선분 AB의 1.2배라고 가정해 보자. 그리고 '빛의 속도는 절대로 변하지 않는다.'는 사실을 상기해 보자. 선분 AB를 빛이 지나가는 데 1초가 걸렸고, 선분 AC의 길이가 선분 AB의 길이의 1.2배라면, 선분 AC를 빛이 지나가는데 걸리는 시간은 1.2초가 되겠지.(예를 들어, 선분 AB가 30만km라면, 선분 AC는 30만km × 1.2배=36만km가 되고, 빛의 속도가 초속 30만km이니까, 36만km를 가려면 1.2초가 걸리지) 따라서 정수는 움직이는 로켓 안에 있는 아기의 심장을 보면서 이렇게 말할 거야.

"아기의 심장은 1.2초 간 한번 뛰었다."

자, 이제 정수가 앞에서 한 이야기와 비교해 보자. 똑같이 심장이 뛰었음에도 정지한 로켓 안에서는 1초가 걸렸지만, 움직이는 로켓 안에서는 1.2초가 걸렸단다. 이 이야기를 일반화한다면, 정지한 로켓에서 일어난 사건이 1초 걸렸다면, 움직이는 로켓 안에서는 1.2초가 걸린다는 이야기가 되지. 혼란스러울 것 같아서, 지금까지의 이야기를 요약하면 다음과 같다.

(1) 빛의 속도는 항상 초속 30만km이고, [속도] = [거리] / [시간]이다.

(2) 로켓 밖에서 본 사람의 눈에는 움직이는 로켓에서의 빛의 이동 [거리](바닥에서 천장까지)가 증가한다.

(3) [속도] = [거리] / [시간]에서, 움직이는 로켓에서의 빛의 이동 [거리](분자)가 증가했음에도 불구하고 빛의 [속도]가 초속 30만km로 절대 변하지 않는다면, 움직이는 로켓에서의 [시간](분모)도 증가해야 한다. 즉, 움직이

는 로켓에서 빛이 지나가는 [거리](분자)가 증가하면, [시간](분모)도 함께 증가해야, [속도] 값이 변하지 않는다.

(4) 결론적으로 빛의 속도가 일정하려면 움직이는 로켓의 시간이 증가해야 (느리게 가야) 한다.

이것이 바로 아인슈타인의 특수상대성이론이란다. 너무나 간단하지 않니? 앞에서 내가 5분이면 아인슈타인의 상대성이론을 이해할 수 있다고 했는데, 위의 글을 읽는데 5분이 지나지는 않았겠지.

그럼, 로켓이 날아가는 속도가 빨라지면, 시간도 더 늘어나요?

로켓 속도가 빠를수록 빛의 이동 거리인 선분 AC의 길이가 점차 길어지고, 로켓의 속도가 느릴수록 선분 AC의 길이가 점차 짧아지겠지. 그리고 로켓이 정지하고 있다면 가장 짧아져 앞의 [그림2-6]과 같아진단다.

물론 우리가 사는 세상에서는 앞의 [그림2-7]에 나오는 정도의 속도를 낼 수 있는 로켓은 없단다. 시간이 1.2배 지연되려면 광속의 60% 정도는 되어야 하는데, 이 정도의 속도라면 현존하는 가장 빠른 로켓보다 1만 배 이상 빨라야 한단다. 따라서 우리의 일상생활에서는 이런 시간 지연 현상을 실제로 볼 수 없단다. 결론적으로 동수가 앉아 있는데 정수가 걸어간다면(움직이고 있다

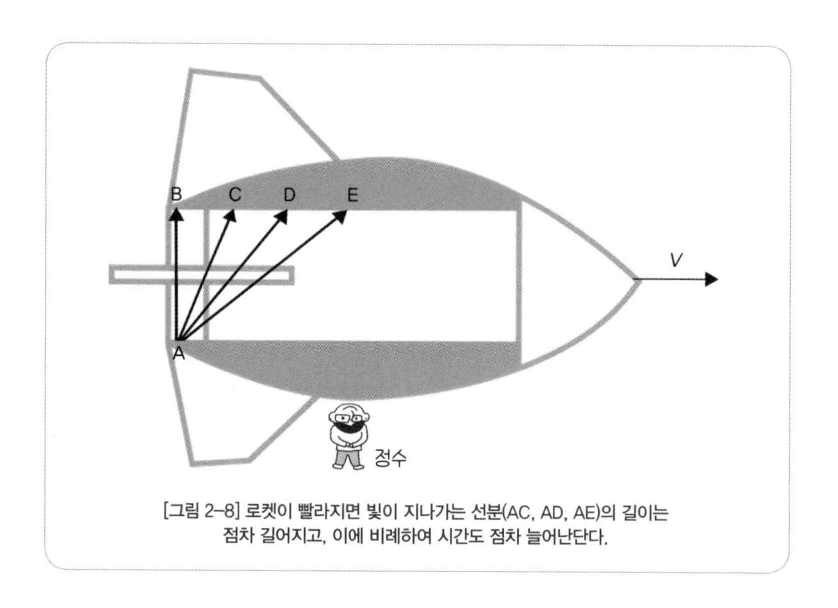

[그림 2-8] 로켓이 빨라지면 빛이 지나가는 선분(AC, AD, AE)의 길이는 점차 길어지고, 이에 비례하여 시간도 점차 늘어난단다.

면), 동수가 볼 때 정수의 시간은 느리게 간단다. 네가 이 말을 믿거나 말거나 사실이란다. 다만, 그 양이 너무 적어 구별하기가 불가능한 것뿐이지.

시간이 늘어나는 양을 공식으로 만들 수 있나요?

당연하지. 사실 이 계산에서는 아인슈타인의 특수상대성이론에서 가장 어려운 수식이 나온단다. 바로 중학교 수학 시간에 배운 피타고라스 정리인데, 피타고라스 정리만 알면 시간이 늘어나는 양을 공식으로 만들 수 있단다.

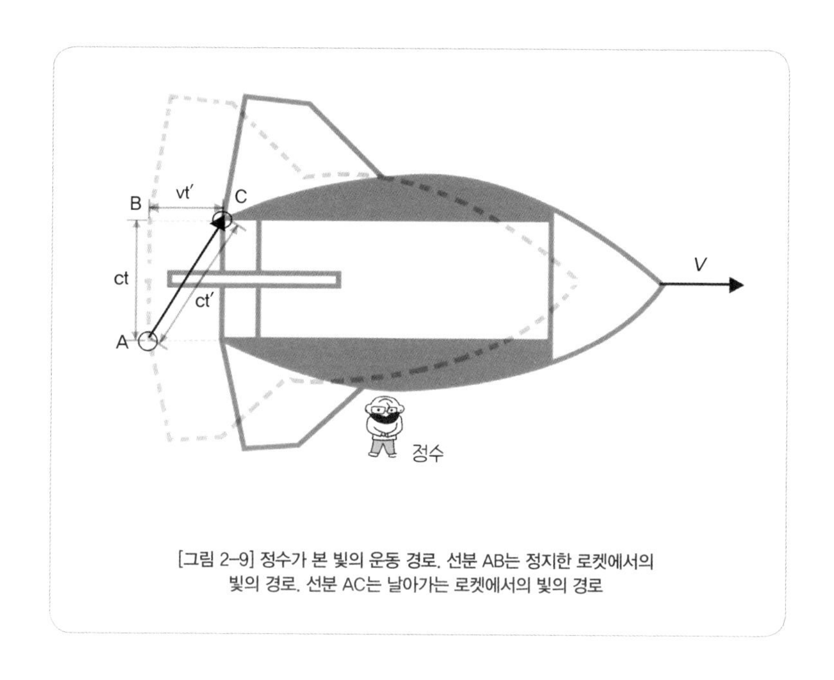

[그림 2-9] 정수가 본 빛의 운동 경로. 선분 AB는 정지한 로켓에서의 빛의 경로. 선분 AC는 날아가는 로켓에서의 빛의 경로

[그림 2-9]의 정지한 로켓에서 빛이 바닥에 있는 A점에서 천장에 있는 B점까지 가는데 걸린 시간을 t라고 하자. 그러면 선분 AB의 길이는, 빛의 속도 c와 빛이 A점에서 B점까지 가는데 걸리는 시간 t를 곱하여 ct가 되겠지. 즉, 선분 AB=ct가 된단다.(빛의 속도를 나타내는 c는 '빠른 속도'를 뜻하는 라틴어 celeritas의 첫 글자에서 따왔다.)

이번에는 빠르게 날아가는 로켓에서 빛이 바닥에 있는 A점에서 천장에 있는 C점까지 가는데 걸린 시간을 t′라고 하자. 그러면 빛이 지나간 운동 경로인 선분 AC는, 빛의 속도 c와 빛이 A점에서 C점까지 가는데 걸리는 시간 t′를 곱하여 ct′가 되겠지. 즉,

선분 AC=ct'가 된단다. 그리고 속도가 v인 로켓이 앞으로 이동한 거리인 선분 BC는 vt'가 된단다. 즉, 선분 BC=vt'가 된단다.

그림을 보면 선분 AB, 선분 BC, 선분 AC는 직각삼각형을 이루고 있기 때문에 피타고라스 정리(직각삼각형에서 빗변의 제곱은, 밑변의 제곱과 높이의 제곱의 합이다.)에 의하면, $AC^2=AB^2+BC^2$이 되고, 선분 AC, AB, BC에 각각 ct', ct, vt'를 대입하면, $(ct')^2=(ct)^2+(vt')^2$이 된단다. 이 식을 t'에 대해 정리하면 다음과 같은 식이 된단다.

$$t' = \frac{t}{\sqrt{1-\frac{v^2}{c^2}}}$$

시간의 단축에 대한 식이 나왔으니 실제로 시간이 얼마나 단축되는지 살펴보자. [표1]에는 로켓의 속도에 따라 시간이 얼마나 단축되는지를 위의 공식에 넣어 계산한 것이란다.

속도	길어진 시간
0.1c	1.005
0.5c	1.155
0.9c	2.294
0.99c	7.089
0.999c	22.366
0.9999c	70.712
0.99999c	223.607
0.999999c	707.107
0.9999999c	2236.068
0.99999999c	7071.068

[표 1] 속도에 따른 시간의 변화

[표1]을 보면, 지구 공전 속도보다 1000배 정도 빠른 광속의 0.1배 정도면 시간이 1.005배 느리게 간단다. 광속의 0.1배에서 이 정도라면, 이 속도보다 10만 배나 느리게 가는 비행기라면 느리게 가는 시간을 느낄 수 있을까?

위의 식에서 v가 c에 비해 작은 경우, 루트(√) 안의 값은 1이 되고, 결국 t′ = t가 된단다. 따라서 우리가 일상생활에서는 시간의 단축을 전혀 느낄 수가 없단다.

광속의 절반이면 1.15배, 광속의 0.9배(90%) 정도가 되면 비로소 2.3배 느리게 간단다. 그리고 광속과 거의 같은 속도인 0.99배(99%)가 되면 시간이 7배가량 느리게 간단다. 이후 시간은 급속하게 느리게 가는데, 속도가 광속에 가까워지면, 시간은 무한대에 가까워진단다. 따라서 지구에서 매우 빠르게 날아가는 로켓 안의 사람이 움직이는 동작을 보면 흡사 영화나 비디오에서나 보는 슬로우 모션처럼 보인단다. 로켓이 점점 더 빨라지면, 로켓 안의 사람의 동작은 점점 더 느리게 보이겠지.

앞서 아기의 경우, 정수가 볼 때 아기의 심장 박동이 점차 느려지는 것을 볼 수 있겠지. 하지만 로켓 안의 엄마가 볼 때 아기의 심장은 정확히 1초에 한 번씩 규칙적으로 뛰고 있는 것을 볼 수 있단다. 왜냐하면, 정수의 입장에서는 아기가 빠른 속도로 움직이지만, 엄마의 입장에서 아기를 보면 아기는 정지하고 있기 때문이지.

그럼 아기의 엄마가 정수의 심장을 보면 어떻게 되나요?

로켓이 정지해 있는 경우, 엄마가 정수의 심장을 보면 정상적으로 1초에 한번 뛰겠지. 하지만 로켓이 빠른 속도로 움직이면,

엄마의 입장에서는 정수의 심장 박동이 느리게 뛰는 것을 볼 수 있단다.

모든 운동의 상대적이기 때문이지. 결국, 사람마다 다른 시간을 가진다고 볼 수 있지. 그렇지만 우리가 사는 현실에서는 그 양이 너무나 적어 우리는 그것을 느낄 수가 없단다. 우리에게 위치를 알려주는 GPS 위성인 경우에는 지구 위에서 초속 4km의 빠른 속도로 날아가는데, 이 경우 위성에서의 시간은 하루에 100만 분의 7초 정도 느리게 간단다.

그럼 빛과 같은 속도로 날아가면 어떻게 되나요?

만약 빛과 같은 속도로 날아가면 로켓 안의 모든 동작은 정지하게 된단다. 흡사 비디오 테이프를 점점 느리게 하면 마지막에는 화면이 정지하는 것과 같지.

그럼 빛보다 빠르게 날아가면 어떻게 되나요?

앞에서 나온 시간 지연 공식에 로켓의 속도 v에 광속 c보다 큰 숫자를 넣어 보면, 분모에 허수(제곱하면 음수가 되는 수)가 나타난단다.

학교에서 배웠듯이 어떤 수든 제곱을 하면 양수가 되기 때문에 허수는 현실에 존재하지 않는 수이란다. 허수虛數의 허虛자는 '비어있다, 없다'는 뜻을 가졌고, 영어로는 'Imaginary number'라고 하는데, 이때 Imaginary는 '상상에만 존재하는, 가상적인'이란 뜻을 가지고 있단다. 따라서 빛보다 더 빠르게 달리면, 현실에는 존재하지 않고, 말 그대로 상상에만 존재하는 그런 세계가 된단다. 그러면 한번 상상을 해보자.

비디오테이프를 점차 느리게 가게 하다가 정지된 후를 상상하면 비디오가 거꾸로 가게 된다는 것은 상상할 수 있겠지. 비디오가 거꾸로 가면 아까 보았던 장면, 즉 과거의 장면으로 되돌아가게 된단다. 즉 빛보다 빠르게만 갈 수 있다면, 과거를 볼 수 있다는 결론에 도달하지. 우리에게 잘 알려진 타임머신은 사실 별거 아니란다. 빛보다 빠른 속도로 날아갈 수 있다면 과거를 볼 수 있는 타임머신을 만들 수 있단다.

2-3

특수상대성이론을 최초로 확인시켜준 '뮤온'

움직이는 물체에서 시간이 느리게 간다는 이야기는 그럴 듯하게 들리는데, 실제로 증명이 되었나요?

지금은 빠르게 움직이는 물체의 시간이 느리게 간다는 사실을 실험으로 증명할 수 있지만, 100여 년 전 아인슈타인이 상대성이론을 발표할 때만 하더라도 불가능했단다. 빛의 속도에 가깝게 달리는 물체를 관찰할 만한 기술이 없었기 때문이지. 그러던 중 우연히 '시간 지연 현상'을 발견한 경우가 있었단다.

우주에서 발생한 수많은 전자기파가 지구로 오는 경우가 많단다. 이러한 전자기파를 우주선宇宙線, cosmic ray이라고 한단다. 참고로 우주여행을 위한 우주선宇宙船, spaceship과 혼동하진 마라. 1930년대부터 과학자들은 실험 장비를 실은 기구氣球를 하늘 높이 띄워서 우주선을 연구하기 시작했단다.

우주선은 대부분 지상 60km의 대기권 상층부에 진입하면서 공기 분자와 부딪히면 '뮤온'이라는 입자가 생성된단다.(대기권 상층부의 위치가 칼로 자르듯이 정확하게 지상 60km 지점은 아니란다. 뮤온이 생성되는 지점은 이보다 낮을 수도 높을 수도 있단다. 여기서는 편의상 60km라고 하자.) 이러한 뮤온은 수명이 2/1,000,000초(백만 분의 2초)에 불과하단다. 따라서 뮤온이 빛의 속도로 날아

[그림 2-10] 미항공 우주국(NASA)에서 만든 우주선 연구용 기구

가더라도 0.6km(=30만km×2/1,000,000초) 정도를 갈 수 있지.

그런데 우주선을 연구하던 과학자들은 이상한 현상을 보게 되었단다. 즉, 이런 뮤온이 지표면까지 내려온다는 것이지. 상식적으로 생각해도 지상 60km에서 생성되어 겨우 0.6km를 갈 수 있는 뮤온이 지표면까지 온다는 것은 불가능하지. 만약 뮤온이 지표면에 도달하려면 수명이 100배인 2/10,000초(만 분의 2초)는 되어야 60km(=30만km×2/10,000초)를 갈 수 있기 때문이지.

하지만 아인슈타인의 상대성이론에 따르면 빠르게 이동하는 물체에서의 시간은 느리게 간단다. 따라서 뮤온이 빛의 속도에 가깝게 달려, 뮤온에서의 시간이 100배가 느리게 간다면 지구에 도달할 수 있겠지. 즉, 정지한 뮤온의 수명은 2/1,000,000초에 불과하지만, 광속에 가까운 속도로 달리는 뮤온의 수명은 100배가 늘어난 2/10,000초가 될 수 있단다. 뮤온을 관찰했던 과학자들은 뮤온이 지표면에 도달하는 불가능한 현상을 설명하기 위해 결국 뮤온의 시간이 느리게 간다는 것을 인정할 수밖에 없었단다. 이후 뮤온은 아인슈타인의 특수상대성이론에서 시간 지연을 최초로 확인시켜준 입자라는 영광을 얻게 되었단다.

이런 현상을 실험실 안에서도 관찰이 가능한가요?

1930년대부터 1960년대까지는 우주선에서 새로운 입자를 찾아냈지만, 1960년대 중반부터는 입자가속기를 만들어 인위적으로 입자들을 만들기 시작했단다.

아인슈타인의 상대성이론에 발을 들여놓았으니 입자가속기에 대해서도 조그마한 상식을 가져야 할 것 같구나. 왜냐하면 입자가속기는 아인슈타인의 상대성이론이 실제로 적용되고, 또한 그 결과를 눈으로 볼 수 있는 곳이기 때문이지.

입자가속기는 입자(전자, 양성자, 중성자 등)를 광속에 가까운 속도로 가속한 후 다른 입자나 원자와 충돌을 시키는 장치란다. 이러한 충돌 과정에서 두 입자가 합쳐져 새로운 원자나 입자가 만들어지기도 하고, 원자가 여러 개로 쪼개져 새로운 원자나 입자가 만들어지기도 하지. 한국에서는 서울대, 포항공대, 원자력병원 등에 설치되어 있지.

현재 세계에서 가장 크고 유명한 입자가속기는 스위스 제네바에 있는 유럽입자물리연구소(영어 약자 CERN으로 더 잘 알려져 있다.)에 있단다. 이곳의 입자가속기는 길이가 27km로 지하터널에

[그림 2-11] (좌) 스위스 제네바와 프랑스에 걸쳐 있는 CERN.(실제 입자가속기는 지하에 있고 사진은 궤적을 표시한 것임)
(우) CERN의 입자가속기 설치 모습

[그림 2-12] 영화 《천사와 악마》에 나오는 톰 행크스, CERN에서 기념 촬영한 모습

링ring 형태로 만들어져 있단다.

아마도 네가 톰 행크스가 주연한 영화《다빈치코드》의 2편인 〈천사와 악마〉편를 보았다면 CERN을 보았을 거야. 이 영화는 CERN에서 탈취한 반反물질을 이용해 바티칸을 폭파시키려는 비밀결사조직의 음모를 다루었지.

재미있는 사실은 우리가 날마다 사용하는 인터넷의 월드와이드웹World Wide Web, www도 1989년 CERN에서 만들었단다. 원래 월드와이드웹은 연구원들끼리 연구 결과들을 쉽게 공유하기 위해 만든 것이었는데 지금은 인터넷 상에서 모든 정보를 공유하는 도구가 되었단다.

1976년 CERN에서는 입자가속기 내에서 입자를 충돌시켜 뮤온을 인공적으로 생성시키는 실험을 하였단다. 뮤온이 생성될 때 뮤온이 가속기 내에서 광속의 99.94%로 빠르게 움직이도록 하였는데, 그 결과 뮤온의 수명은 30배가 늘어났단다.

앞장에 나왔던 아인슈타인의 시간 지연에 대한 공식에 속도 V를 광속의 99.94%(0.9994c)를 대입해보면 28.9가 나오지. 실험실의 오차를 고려하면 거의 맞다고 할 수 있지.

CERN에서는 뮤온을 여러 가지 속도에서 실험하면서 뮤온의 수명과 비교해봤는데, 상대성이론에서 계산한 결과와 정확하게 일치하였단다.

움직이는 사람의 시간을 시계로 재어 본 적도 있나요?

그럼. 1970년대 세슘 원자에서 나오는 전자기파의 진동수(1초에 92억 번 진동)로 시간을 측정하는 원자시계가 나오면서 이런 일이 가능해졌단다. 원자시계는 1/92억 초까지 시간을 정확하게 측정할 수 있는 시계란다.

가장 재미있는 실험은 1971년 10월 미국의 물리학자인 헤이펠과 키팅은 원자시계를 비행기에 싣고 지구를 몇 바퀴 돌아 시간이 정말로 느리게 가는지 확인하였단다. 당시로는 10% 정도의 오차 있었지만, 시간이 느리게 간다는 것을 직접 확인하였단다.

이후 몇 차례의 실험이 더 있었는데, 가장 최근의 실험으로는 2010년 6월 영국 국립물리연구소(NPL)에서 런던-LA-오클랜드-홍콩-런던 등을 거치면서 실험을 하였단다. 상대성이론으로 예측된 값은 246ns였던 반면, 실제 측정치는 230ns였단다.(ns는 nano-second의 약자로, 10억 분의 1초.)

[그림 2-13] 2010년 6월 영국 국립물리연구소(NPL)의 실험팀과 실험에 사용되었던 원자시계

2-4

움직이는 물체의 길이가 축소되는 이유

특수상대성이론은 '움직이는 물체의 시간이 느리게 간다'는 것이 결론인가요?

그렇지는 않단다. 특수상대성이론의 결론을 이야기하면 다음과 같다.

"움직이는 물체에서는 1) 시간이 느리게 가고, 2) 길이는 짧아지며, 3) 질량이 증가한다."

이 중에서 첫 번째 관문을 통과하였고, 이제 물체의 길이가 짧아지는 이유를 설명하마. 쉬운 설명을 위해 다시 한번 사고 실험을 해보자.

지구에 광속에 가까운 속도로 떨어지는 뮤온에 올라 타보자. 물론 뮤온의 크기는 원자보다 더 작기 때문에 뮤온에 올라탈 수는 없지만 상상은 가능하겠지.

지구에서 있는 사람이 뮤온을 볼 때는 뮤온이 광속에 가까운 속도로 떨어지지만, 뮤온에 올라탄 사람이 뮤온을 보면 뮤온은 정지한 것으로 보이겠지. 속도는 상대적이니까. 그렇다면 뮤온에 올라탄 사람이 볼 때, 뮤온에서의 시간은 느리게 가지 않고 정상적으로 가게 되고, 뮤온은 생성된 지 2/1,000,000초(백만 분의 2초) 만에 사라지는 것을 볼 수 있겠지.

요약하자면, '지구에 있는 사람이 보면 뮤온은 2/10,000초(만 분의 2초) 만에 사라지지만, 뮤온에 올라타 있는 사람이 볼 때에는 뮤온이 2/1,000,000초(백만 분의 2초) 만에 사라진다'는 거지.

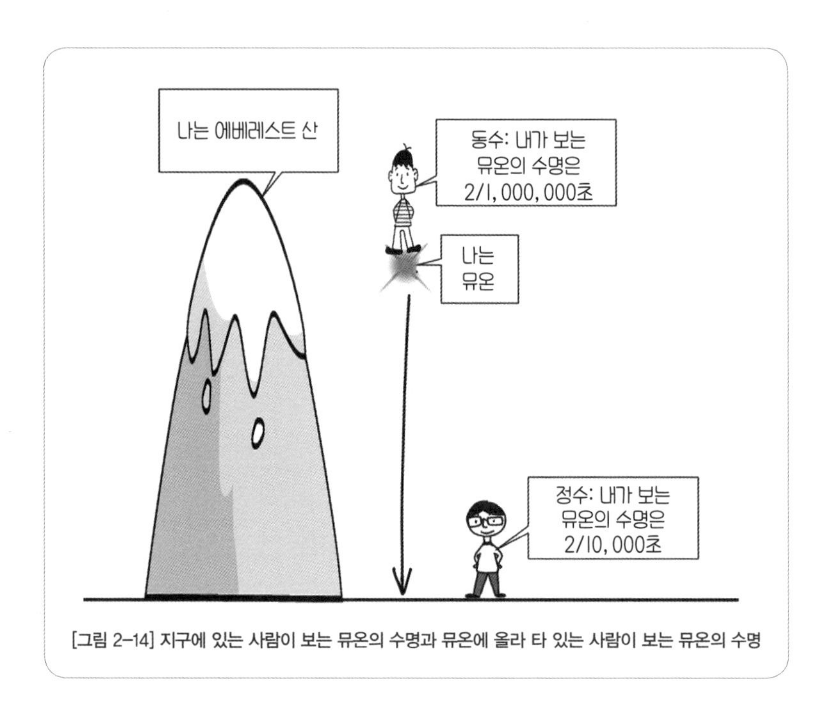

[그림 2-14] 지구에 있는 사람이 보는 뮤온의 수명과 뮤온에 올라 타 있는 사람이 보는 뮤온의 수명

그렇다면 똑같은 뮤온이 지구에 서 있는 사람이 볼 때는 지상에 도착한 후 사라지지만, 뮤온에 올라 탄 사람이 볼 때는 지상에 도착하지 못하고 사라지잖아요. 이건 말 그대로 모순이 아닌가요?

그래. 우리의 상식으로 볼 때는 분명 모순이지. 하지만 아인슈타인은 그렇지 않다고 이야기하지.

다시 뮤온에 탄 사람의 관점으로 돌아가 보자. 뮤온은 분명 2/1,000,000초 만에 사라지지만 만약 뮤온이 2/1,000,000초 만에 지상에 도달할 수만 있다면 위의 모순은 사라지겠지. 즉, 아인슈타인의 상대성이론은 엉터리가 아니게 되지. 그러면 어떻게 뮤온이 2/1,000,000초 만에 지상에 도달할까?

방법이 딱 하나 있단다. 60km의 거리가 1/100인 0.6km로 축소가 되면 가능하지. 뮤온이 홍길동처럼 축지법을 쓰느냐고? 그래, 축지법을 쓴단다.

"모든 운동은 상대적이다."는 갈릴레이의 말을 머릿속에 떠올려 보자. 이제 뮤온에 올라타 있는 사람을 기준으로 보면, 지구와 대기권은 광속에 가까운 속도로 움직이고 있겠지. 즉, 뮤온 자신은 정지하고 있는데, 세상의 모든 물체는 광속에 가까운 속도로 움직이고 있단다. 아인슈타인은 '이렇게 빠른 속도로 움직이는 물체는 움직이는 방향으로 길이가 축소되어 보인다.'고 주장하였단다. 예를 들어, 높이 약 8,800m의 에베레스트 산의 경우 높이가

[그림 2-15] 동수(뮤온에 올라탄 사람)가 보는 에베레스트 산과 정수의 모습은 길이가 축소되어 보인다.

88m로 보인다는 거지. 결론적으로 60km의 거리가 0.6km로 축소되니까 지상에 도착할 수 있겠지.

제가 볼 때는 아인슈타인이 억지 주장을 하고 있는 것 같네요.

물론 이런 아인슈타인의 이야기를 억지 주장이라고 이야기할 수 있겠지. 하지만 반대로 생각해 보자. 만약 뮤온을 탄 사람의 입장에서 거리가 축소되지 않는다면 뮤온은 어떻게 지상에 도달하겠니?

일반적인 상식을 가진 사람이라면 지상에 도달할 방법이 없다고 이야기하겠지만 아인슈타인은 거리가 축소되면 된다고 이야기하지. 왜냐고? 거리가 축소되어야만 둘 사이에 무순이 생기지 않기 때문이지. 아인슈타인은 시간의 지연이 사실이라면 거리도 함께 축소되어야만 모순에 빠지지 않게 된다는 것이야.

"모순에 빠지지 않기 위해 거리가 축소되어야 한다."는 이야기가 억지 주장이라고 생각한다면, 직접적으로 길이가 축소되는 이유에 대해서 설명을 할 수 있단다. 하지만 이야기가 길어지기 때문에 이 책의 부록(민코프스키의 세계선)을 읽어보기 바란다.

그렇다면 거리는 얼마나 축소가 되나요?

답은 아주 간단하지. 지구에서 볼 때 시간이 늘어나는 배수만큼 뮤온에서 보는 거리는 축소되어야 하겠지. 즉, 지구에서 볼 때 뮤온의 수명이 100배 늘어나면, 뮤온에서 보는 거리는 1/100로 짧아지게 되겠지. 그래야 뮤온이 지구에 도달하여 모순이 생기지 않게 되지.

따라서 길이 축소에 관한 공식은 앞에서 본 시간 지연에 관한 공식과 반대로 다음과 같게 된단다.

$$L' = L\sqrt{1-\frac{v^2}{c^2}}$$

길이 축소에 관한 공식에 속도를 대입해 보면 다음과 같은 표가 만들어지겠지.

속도	짧아진 길이
0.1c	0.99499
0.5c	0.86603
0.9c	0.43589
0.99c	0.14107
0.999c	0.04471
0.9999c	0.01414
0.99999c	0.00447
0.999999c	0.00141
0.9999999c	0.00045
0.99999999c	0.00014

[표 2] 속도에 따른 길이의 변화

[표2]를 보자. 비행기 속도보다 10만 배 빠른 광속의 1/10(0.1c)이 되면 원래 길이의 0.99499배, 즉 0.5%정도 수축하지. 광속의 0.9배(90%) 정도가 되면 비로소 0.435배 정도가 되지. 결국, 길이가 약 1/2로 줄어든다는 뜻이야. 그리고 광속과 거의 같은 속도인 0.99배(99%)가 되면 길이는 0.14107배로 약 1/7로 줄어들겠지.

우리가 살고 있는 일상생활에서는 길이 축소를 전혀 느낄 수가 없단다. 예를 들어, 시속 300km로 달리는 경주용 자동차의 길이는 얼마나 짧아질까? 만약 자동차의 길이가 3m라면 길이는 3m의 100조분의 1만큼 짧아진단다. 이것은 원자핵 1개 정도의 크기란다.

또 하나 알아야 할 사실은, 모든 운동은 상대적이기 때문에 상대방의 시간이 느리게 가는 것처럼 보이듯이, 길이의 축소도 마찬가지란다. 예를 들어, 뮤온에 올라타 있는 사람이 보면 지구에 서 있는 사람의 키가 1/100로 축소되어 보이듯이, 지구에 서 있는 사람이 뮤온에 올라타 있는 사람을 보면 키가 1/100로 축소되어 보인단다.

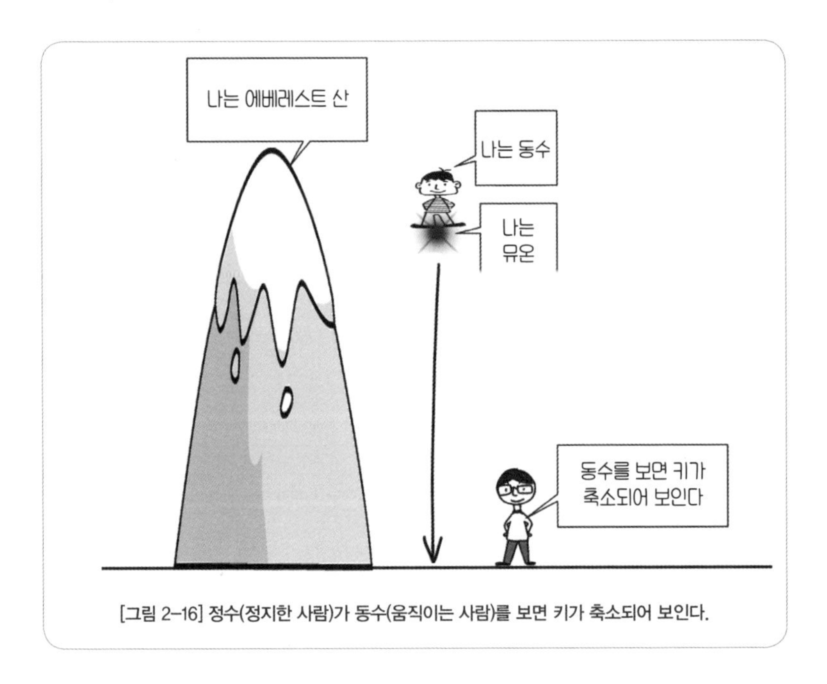

[그림 2-16] 정수(정지한 사람)가 동수(움직이는 사람)를 보면 키가 축소되어 보인다.

말도 안돼요! 이 사람이 저 사람을 보면 키가 1/100로 축소되어 보이고, 저 사람이 이 사람을 보면 마찬가지로 1/100로 축소되어 보인다고··· 정말 말도 안 되는 이야기 같아요.

하지만 앞에서 이야기한 기차 안의 사과 이야기를 떠올려 봐. 기차 안에 앉아 있는 사람은 사과가 정지하고 있다고 이야기하였고, 기차 밖에 서 있는 사람은 움직이고 있다고 이야기했지. 보는 사람에 따라 똑같은 물체가 다른 속도로 보이는 것과 마찬가지로 길이 축소도 그러한 예일 뿐이야.

다만, 길이 축소는 너무나 작아 우리의 감각으로는 알 수 없기 때문에 받아들이기가 힘든 것뿐이란다. 옛사람들이 지구 바깥에서 지구를 본 적이 없기 때문에 지구가 편평하다고 이야기하는 것과 다름없지.

앞에서 우리는 시간의 절대성을 포기했듯이, 이제는 공간의 절대성도 포기해야 한단다. 결론적으로 시간과 공간은 상대적이며, 보는 사람에 따라 달라진단다.

알쏭달쏭하지만, 인정할 수밖에 없네요. 앞에서 빛과 같은 속도로 달리면 시간이 정지한다고 했는데, 그렇다면 빛과 같은 속도로 달리는 로켓을 보면 길이는 얼마나 되나요?

앞쪽의 공식에서 v대신 광속 c를 대입하면 길이 L′가 0이 되는 것을 알 수 있단다. 즉, 속도가 광속에 가까워질수록 길이가 점차 짧아지다가 광속에 도달하면 길이가 0이 되어 사라진단다. 한마디로 말해 로켓을 볼 수 없게 되지.

만약 위에서 이야기한 뮤온이 빛의 속도로 지구에 다가온다면 어떻게 될까?

지구의 정수 입장에서 보면, 뮤온이 빛의 속도로 움직이니까 뮤온의 시간은 정지하게 보이겠지. 따라서 지상 60km에서 지상에 도달하는데 시간이 0초가 걸린단다. 뮤온에 올라 탄 동수 입장에서 보면 자신의 시간은 정상적으로 가지만, 지상 60km에서 지구까지의 거리는 0km가 된단다. 따라서 지상 60km에서 지구까지 0초에 도달할 수 있단다. 다시 말해 빛의 속도로 달릴 수 있다면 아무리 먼 거리도 순간이동이 가능하단다.

만약 광속보다 더 빨리 달린다면 어떻게 되나요?

시간 지연에 관한 공식과 마찬가지로, 이 경우에도 루트 값이 허수가 된단다. 따라서 이 세상에는 존재할 수 없는 상태가 되지. 사실 이 부분에 대해 어떤 사람들은 다른 공간으로 갔다거나 다른 차원의 세계로 갔다고 해석하는 사람도 있지만, 아무도 알 수는 없단다.

지금 제 머리 속이 상당히 혼란스럽네요.

혼란스러운 것이 당연하단다. 아인슈타인이 하는 이야기가, 우리가 지금까지 경험으로 알고 있는 시간과 공간에 대한 개념을 뿌리째 흔들고 있는데, 혼란스럽지 않다면 네 머리가 정상이 아닐 거야. 이런 혼란을 가라앉히기 위해 지금까지 이야기한 내용을 조금 요약해보자.

시속 100km로 달리는 기차 안의 사과를, 기차 안의 사람이 보면 속도가 시속 0km이지만(즉, 정지하고 있지만), 기차 밖의 사람이 보면 시속 100km가 되는 것과 마찬가지로, 상대성이론도 기차 안의 사람이 보는 시간과 기차 밖의 사람이 보는 시간이 다르다는 것이란다.

아인슈타인은 사람마다 서로 다른 시간과 공간을 가지고 있다고 이야기한단다. 네가 보는 시간과 공간은 네 옆에서 움직이는 사람이 보는 시간과 공간이 다르다는 거야.

예를 들어, 네 옆에 지나가는 사람의 시계를 보면, 네가 차고 있는 시계보다 천천히 돌아가고 있고, 몸은 날씬하게 보인단다. 다만 그런 차이가 너무 작아 우리의 감각으로는 절대로 느낄 수 없단다. 그러나 네 옆에 지나가는 사람이 초속 26만km(광속의 0.87배)로 달려가고 있다면, 그 사람의 시계가 2배 느리게 가고, 몸은 절반으로 날씬하게 보일 거야. 반대로 그 사람 입장에서 너를 보면, 자신은 정상인데, 너의 시계는 느리게 가고 몸은 날씬하게 보일 거야.

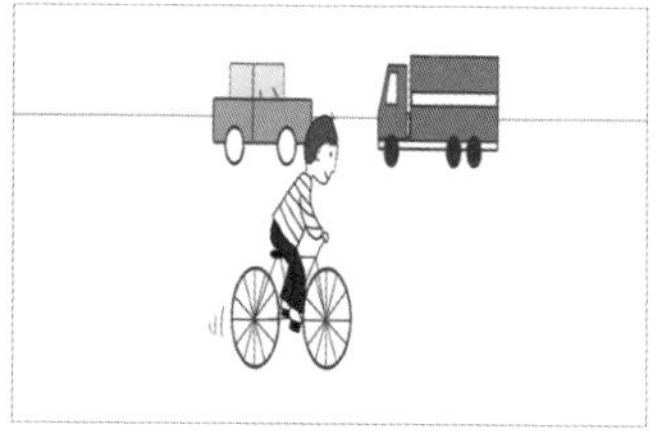

[그림 2-17] 정상적인 거리 풍경과 자동차나 자전거가 초속 26만km로 달릴 때의 거리 풍경

내가 보면 저 사람이 날씬해 보이고, 저 사람이 나를 보면 내가 날씬해 보인다니… 실제로 몸이 날씬해지는 것이 아니라, 눈으로만 보이는 착시 현상이 아닐까요?

분명히 말하지만, 절대로 눈속임이나 착시 현상이 아니란다. 뒤에서 자세하게 언급하겠지만, 특수상대성이론을 이용하여 원자폭탄이 만들어졌단다. 원자폭탄이 결코 눈속임이나 착시 현상은 아니겠지. 또 네가 매일 사용하는 전기도 원자로에서 나오는데, 아인슈타인의 특수상대성이론이 없었다면 불가능한 일이란다.

내가 보면 저 사람이 날씬해 보이고, 저 사람이 나를 보면 내가 날씬해 보인다는 것이 착시가 아니라고 하더라도, 논리적인 모순이 아닌가요?

내가 보면 저 사람이 날씬해 보이고, 저 사람이 나를 보면 내가 날씬해 보이는 것은 착시가 아닐뿐더러, 사실 논리적인 모순도 아니란다.

앞에서 이야기한 기차 안의 사과 이야기를 다시 한번 해보자. 기차에 탄 사람은 "사과가 정지해 있다."고 이야기하고, 기차 밖의 사람은 "사과가 움직이고 있다."고 얘기하였지. 얼핏 보면 이야기도 논리적인 모순이 있단다. 왜냐하면 같은 사과를 한 명은 정지해 있다고 하고, 다른 한 명은 움직이고 있다고 하니까. 하지만 같은 사과지만, 보는 사람에 따라 다르게 보일 뿐이야.

"내가 보면 저 사람이 날씬해 보이고, 저 사람이 나를 보면 내가 날씬해 보인다."는 이야기도 마찬가지야. 보는 사람에 따라 다르게 보일 뿐이란다. 다만 지금까지, "물체의 길이는 누가 보더라도 항상 똑같다."는 생각에 사로잡혀 있기 때문에, 우리 뇌가 이런 사실을 인정하지 않으려는 것에 불과하단다. 좀 더 쉽게 이야기하면, "물체의 길이는 누가 보더라도 항상 똑같다."는 편견에 사로잡혀 있는 것일 뿐이야.

편견이라고요?

그래. 편견 때문이란다. 그리고 그러한 편견은 무지에서 온단다. 예를 들어, 뉴턴의 만유인력 법칙을 알지 못하는 사람에게 "지구가 둥글다."는 이야기를 하면, "지구 반대편의 사람들은 어떻게 지구에 붙어있을 수 있느냐? 따라서 지구는 둥글 수 없다."는 이야기를 하겠지. 만약 이 사람이 뉴턴의 만유인력의 법칙을 알게 된다면, 지구 반대편의 사람도 지구에 붙어 있을 수 있고, 따라서 "지구가 둥글다."는 이야기도 수긍하겠지.

마찬가지로, 아인슈타인의 상대성이론을 알지 못하는 사람에게 "내가 보면 저 사람이 날씬해 보이고, 저 사람이 나를 보면 내가 날씬해 보인다."는 이야기를 하면, "시간이나 공간은 모든 사람에게 똑같이 보이는데, 어떻게 그럴 수 있느냐? 절대 그럴 리가 없다."는 이야기를 하겠지. 만약 "시간과 공간도 속도와 마찬가지로, 사람에 따라 다르게 보인다."는 사실을 알게 된다면, "내가 보면 저 사람이 날씬해 보이고, 저 사람이 나를 보면 내가 날씬해 보인다."는 이야기를 받아들이겠지.

재미있는 사실은, 이러한 무지나 편견이 우리의 경험에서 나온다는 것이다. 네가 초등학교 때 프랑스의 소설가 생텍쥐페리의 『어린 왕자』를 읽은 적이 있었을 거야. 어린 왕자가 사는 소행성 B612는 아주 조그마한 별이지.

만약 우리의 지구가 어린 왕자가 사는 소행성 B612처럼 아주 작았다면, 고대 그리스나 중세 시대에 지구가 편평하다거나 둥글다는 논란 자체가 없었겠지. 지구가 둥근 것을 모두가 볼 수 있으니까. 그렇지만 지구는 한눈에 보기에는 너무 커서 지구가 둥글다는 사실을 알 수 없었던 거지.

아인슈타인의 상대성이론도 마찬가지야. 애초부터 인간이 걷거나 달리는 속도가 빛의 속도에 근접했다면 다른 사람의 시계가 느리게 가는 것을 쉽게 알 수 있었단다. 문제는 우리가 움직이는 속도가 빛의 속도에 비하면 너무 느리게 때문에 이런 사실을 알 수 없었던 거지. 즉, 우리가 일상생활에서 보는 시간의 느림은 너무나 작아서 우리 감각으로는 전혀 느낄 수 없었기 때문에, 시간은 모든 사람에게 똑같이 흐른다고 생각해왔던 것뿐이야.

[그림 2-18] 《어린 왕자》에 나오는 소행성 B612

가장 중요한 사실은 움직이는 물체에서 시간이 느리게 가는 현상은 네가 이해를 하느냐 마느냐의 문제가 아니라, 그냥 우리가 사는 세상에서 일어나는 사실이라는 것이야. 다만 우리가 그동안 경험하지 못했기 때문에 그렇지 않다고 생각하는 것뿐이고 흡사, 지구가 둥글다는 것은 사실임에도 불구하고 대부분의 사람이 오랫동안 지구가 둥글다는 것을 믿지 않았던 것과 마찬가지지. 대부분의 사람은 자신이 보는 것만 믿기 때문이고 자신이 믿는 것이 진실, 더 나아가 진리라고 생각하지.

2-5

우주에서 가장 빠른 속도는 광속이다.

시간과 길이에 대한 이야기가 끝났으면, 이제 질량에 대한 이야기가 남았나요?

그래. 이제 움직이는 물체의 질량은 증가한다는 이야기만 남았단다. 하지만 질량의 증가에 대해 이야기를 하기 전에, '어떤 물체이든 광속보다 더 빠르게 갈 수 없다.'는 사실에 대해 먼저 이야기해보려고 한다. 왜냐하면, 질량의 증가는 이 이야기와 밀접하게 관련이 있기 때문이란다.

다시 한번 사고 실험을 해보자.

기차가 시속 30km로 달리고 있다. 이 기차 안에서 동수가 시속 20km로 기차 앞쪽으로 달려가고 있다. 기차 밖에서 서 있는 정수가 보면 동수는 시속 몇 km로 움직일까?

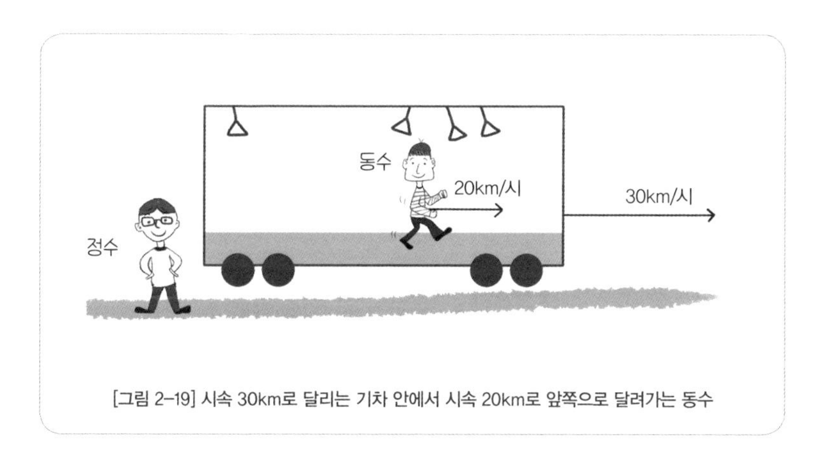

[그림 2-19] 시속 30km로 달리는 기차 안에서 시속 20km로 앞쪽으로 달려가는 동수

아마도 갈릴레이라면 두 속도(시속 30km와 시속 20km)를 합한

시속 50km로 움직인다고 이야기하겠지. 그리고 너도 같은 의견일 거야. 이런 경우, 첫 번째(기차) 속도를 v_1이라 하고, 두 번째(동수) 속도를 v_2라 하면 정수가 보는 속도 v는 $v=v_1+v_2$와 같이 공식으로 표현할 수 있겠지. 사실 이 공식은 갈릴레이가 만든 속도 덧셈의 법칙에 나오는 공식이지.

그렇다면 이번에는 속도를 좀 올려서 이야기해 보자.

안드로메다은하로 가는 기차 은하철도 999호가 초속 30만km로 달리고 있다. 이 기차 안에서 초능력자인 동수가 초속 20만km로 앞쪽으로 달려가고 있다. 기차 밖의 지구에 서 있는 정수가 보면 동수는 초속 몇만 km로 움직일까?

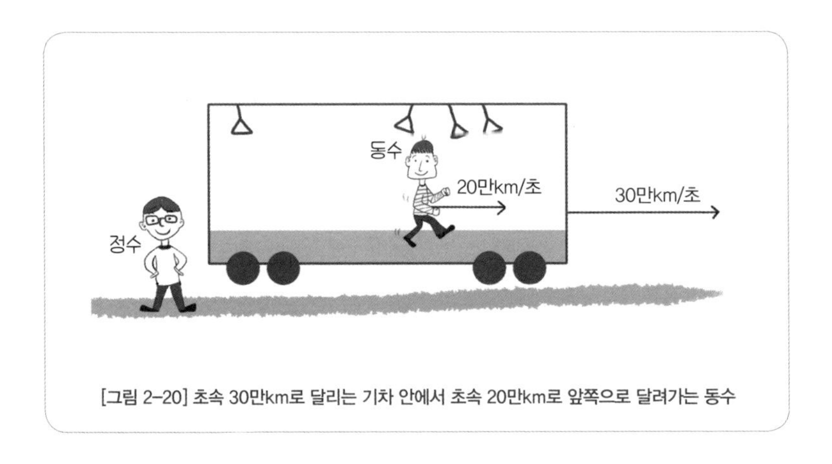

[그림 2-20] 초속 30만km로 달리는 기차 안에서 초속 20만km로 앞쪽으로 달려가는 동수

아마도 갈릴레이가 이 문제를 푼다면 당연히 초속 50만km라고 이야기하겠지. 하지만 그렇지 않단다.

지구에 서 있는 정수가 기차를 보면 초속 30만km로 달리고 있기 때문에 기차의 길이는 0이 되겠지. 길이가 0인 곳 안에서 동수가 초속 10만km로 달려가나 초속 20만km로 달려가나, 정수가 볼 때는 그 자리에 서 있는(속도가 0km/초) 모습으로 밖에 안보이겠지. 따라서 정수가 볼 때 기차의 속도 30만km/초에 동수의 속도 0km/초를 합치면 30만km/초가 되지.

이야기가 바로 결론에 갔는데, 조금 뒤로 돌아와 보자.

만약 기차가 초속 29만 9999km로 달린다고 상상해보자. 이 경우에도 기차의 속도는 광속에 가깝기 때문에 기차의 길이는 짧아져 1/100 밀리미터 정도가 되겠지. 따라서 그 1/100 밀리미터 밖에 되지 않는 기차 속에서 아무리 빨리 달려봐야 정수 눈에는 동수가 기차 안에서 거의 정지하고 있는 것으로 보이겠지.

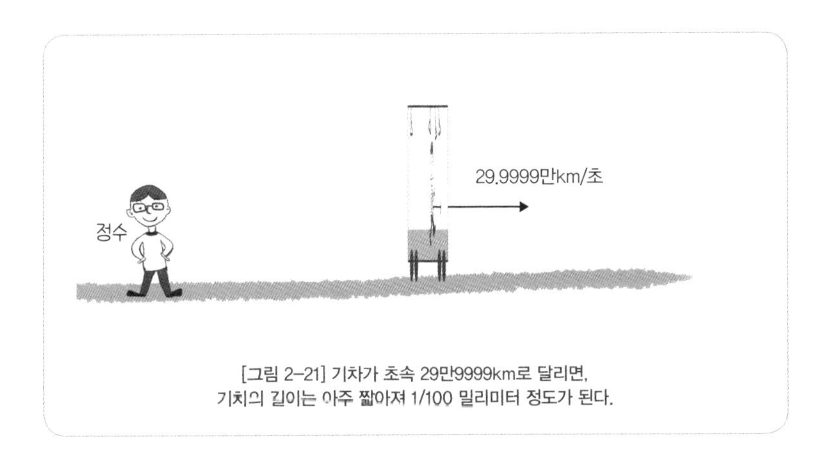

[그림 2-21] 기차가 초속 29만9999km로 달리면,
기치의 길이는 아주 짧아져 1/100 밀리미터 정도가 된다.

즉, 기차가 빠르게 갈수록 기차 길이는 짧아져서, 기차 안에 있는 동수가 아무리 빨리 뛰어 봐야 속도가 별로 늘어나지 않는다는 것이야. 결국, 동수는 기차 안에서 아무리 빨리 뛰어봐야 정수가 볼 때 빛의 속도인 30만 km/초를 넘어서지 못하는 것이지. 물론 이 경우에도 공식을 만들 수 있단다. 하지만 공식을 만드는 과정은 복잡하니 생략하고, 아인슈타인이 만든 속도 덧셈의 공식을 써보도록 하자.

$$v = \frac{v_1 + v_2}{1 + \frac{v_1 v_2}{c^2}}$$

그럼, 지금까지 우리가 알고 있었던 갈릴레이의 속도 덧셈 공식($v=v_1+v_2$)은 틀렸다는 거예요?

그래. 엄밀한 의미에서 보면, 갈릴레이의 속도 덧셈 공식 ($v = v_1+v_2$)은 틀렸단다. 하지만 아인슈타인이 만든 속도 덧셈의 공식에서 속도 v_1과 v_2가 광속 c에 비해 아주 작다면 분모가 거의 1이 되므로, $v = v_1+v_1$가 되어 갈릴레이가 만든 속도 덧셈 공식과 같아진단다. 우리가 일반적으로 사는 세상에는 갈릴레이가 만든 공식만 알더라도 살아가는데 전혀 지장이 없다는 이야기지.

그렇지만 움직이는 속도가 광속에 가까워지면, $v = v_1+v_2$ 라는 공식으로는 속도를 구할 수가 없단다.

요약해서 말하면, 갈릴레이가 만든 공식으로는 빛의 속도에 비해 아주 느리게 움직이는 물체의 합속도를 구할 수 있지만, 아인슈타인의 상대성이론에서 나온 공식은 느리게 움직이는 물체의 합속도뿐만 아니라 광속에 가까운 속도로 움직이는 물체의 합속도를 구하는 데도 사용할 수 있지.

이번에는 이 공식에 v_1이나 v_2 중 하나에 광속 c를 대입해 보자. 즉, 기차나 동수 중 하나가 광속으로 움직인다는 것이지. 아래에는 v_1에 광속 c를 대입한 것이란다.

$$V = \frac{V_1 + V_2}{1 + \frac{V_1 V_2}{c^2}} = \frac{c + V_2}{1 + \frac{c V_2}{c^2}} = \frac{c + V_2}{1 + \frac{V_2}{c}} = \frac{c + V_2}{\frac{c + V_2}{c}} = c$$

합속도는 신기하게도 광속인 c(30만km/초)가 나오지. 사실은 신기할 게 없단다. 이미 위에서 기차가 30만km로 달릴 때, 기차의 길이가 0이 되기 때문에, 동수의 속도는 0이 되어 지구에서 정수가 볼 때 30만km로 움직이는 것으로 보인다고 이야기했기 때문이지.

다음의 [표3]은 기차의 속도(v_1)와 동수의 속도(v_2)가 각각 광속의 1/2배(15만 km/초), 2/3배(20만 km/초), 1배(30만 km/초)일 경

기차의 속도	동수의 속도 v_2	갈릴레이가 계산한 합속도 v_1+v_2	아인슈타인 계산한 합속도 $\frac{V_1+V_2}{1+\frac{V_1V_2}{c^2}}$
15	15	30	24
30	20	50	30
30	–20	10	30
30	30	60	30

[표 3] 기차의 속도 v1과 동수의 속도 v2의 합속도. 단위는 만km/초

우 갈릴레이가 계산한 합속도와 아인슈타인이 계산한 합속도를 표로 만든 것이란다.

앞쪽 [표3]을 살펴보면, 두 속도가 모두 광속에 거의 근접하더라도 광속인 초속 30만km가 넘지 않고, 또 한쪽의 속도가 광속이면 합속도가 항상 광속이 되는 것을 알 수 있지.

여기에서 잠깐 앞에서 '광속 불변을 법칙'을 설명할 때 나온 그림을 다시 한번 살펴보자.

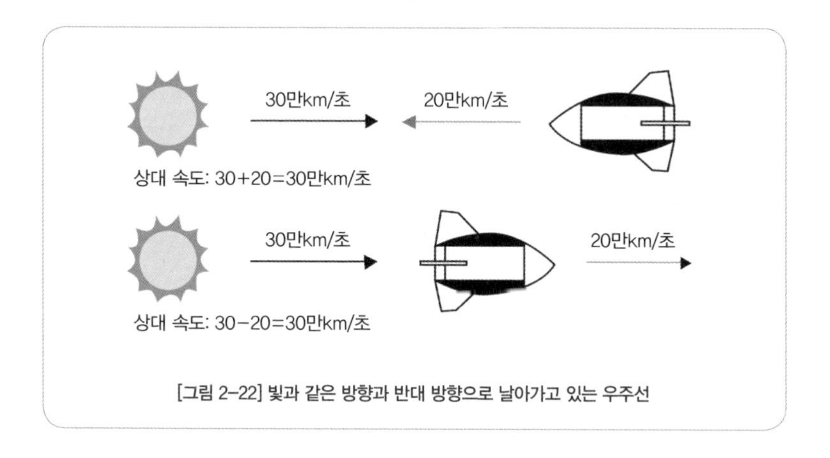

[그림 2-22] 빛과 같은 방향과 반대 방향으로 날아가고 있는 우주선

이 그림을 보면, 빛과 로켓의 상대 속도를 갈릴레이가 계산했다면 각각 50만km와 10만km겠지만, 아인슈타인이 계산했다면 모두 30만km가 된단다.(103쪽 표3 참조)

특수상대성이론의 출발점이 '빛의 속도는 관측자의 속도와 관계없이 항상 일정하다'는 광속 불변의 법칙이었고, 이러한 법칙이 '모든 운동은 상대적이며, 등속 운동을 하는 모든 관찰자에게는

같은 물리 법칙이 적용된다.'는 갈릴레이의 상대성원리와 모순이 된다는 것이었지.

사실 이러한 모순은 두 물체의 상대 속도를 계산할 때, 갈릴레이의 속도 덧셈의 공식($v = v_1 + v_2$)을 사용하였기 때문에 생겨났지. 하지만 이제 두 물체의 상대 속도를 계산할 때, 갈릴레이의 속도 덧셈의 공식을 버리고 아인슈타인이 만든 속도 덧셈의 공식을 사용한다면 두 법칙이 서로 모순되지 않는다는 것을 알 수 있겠지.

지금까지 이야기의 결론은 다음과 같단다.

첫째, 광속 불변의 법칙과 갈릴레이의 상대성원리는 모순이 되지 않는다.

둘째, 우주에서 가장 빠른 속도는 광속 c이다.

2-6

움직이는 물체의 질량이 증가하는 이유

움직이는 물체의 질량은 왜 증가하나요?

움직이는 물체의 질량이 증가하는 이유를 설명하기 위해 먼저 뉴턴이 만든, 그리고 운동학 역사상 가장 유명한 공식 하나를 살펴보자.

$$F = ma$$

잘 알다시피 이 공식은 힘과 가속도의 공식이다. 즉 질량이 m인 물체를 a만큼 가속하려면 힘 F가 필요하다는 이야기인 동시에, 가속되는 양은 힘과 비례한다는 이야기지.

예를 들어, 자동차를 시속 1km로 가속하려면 휘발유 1리터가 필요하다고 가정해보자. 자동차를 시속 2km로 가속하려면 휘발유 2리터가 필요하겠지. 만약 이 자동차를 시속 50km로 가속하려면 50리터의 휘발유가 필요하겠지. F = ma라는 공식의 의미는

[그림 2-23] 휘발유 1리터로 자동차를 시속 1km로 가속한다면, 휘발유 50리터로 시속 50km로 가속할 수 있다.

결국, 자동차를 가속하려면 휘발유(휘발유가 가진 에너지가 엔진 속에서 힘으로 변하니까)가 가속도에 비례하여 많이 필요하다는 이야기지.

그렇다면 이번에는 속도를 좀 올려서 이야기해 보자.

우주선을 초속 1만km로 가속하려면 핵연료 1만 톤이 필요하다고 가정해보자. 우주선을 2만km로 가속하려면 핵연료 2만 톤이 필요하겠지. 그렇다면 우주선에 핵연료 50만 톤이 있다면, 초속 몇만 km까지 가속할 수 있을까?

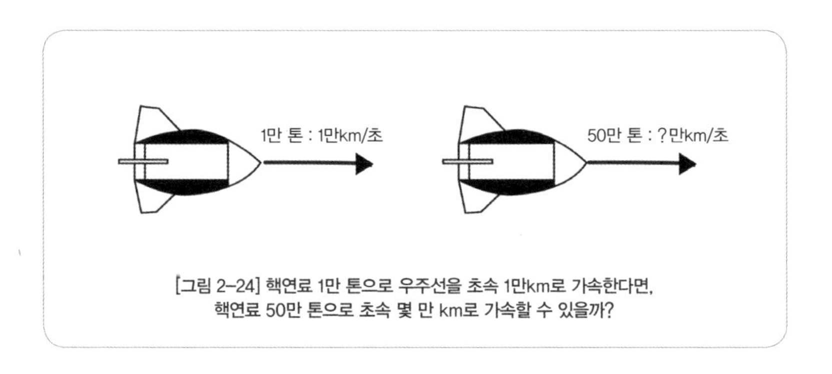

[그림 2-24] 핵연료 1만 톤으로 우주선을 초속 1만km로 가속한다면,
핵연료 50만 톤으로 초속 몇 만 km로 가속할 수 있을까?

만약 뉴턴이 살아 있었다면 분명 초속 50만km로 갈 수 있다고 이야기하겠지. 하지만 아인슈타인의 상대성이론에 따르면 우주선이 아무리 빠르게 달린다고 해도 빛의 속도인 초속 30만km를 넘을 수 없다고 앞의 글에서 이야기하지 않았니? 그렇다면 우주선이 초속 50만km로 갈 수는 없겠지.

지금까지 우리는 뉴턴의 공식(F=ma)에서 힘 F를 증가시키면 가속도 a가 증가한다고 학교에서 배웠지. 하지만 광속에 가까워질

수록 아무리 힘을 가해도 속도는 거의 증가하지 않는단다. 빛의 속도보다 더 빨리 갈 수 없으니까. 그렇다면 이상하지 않니? 속도가 증가하지 않는다면, 그렇게 많이 가한 힘은 다 어디로 간 것일까?

학교 물리 시간에, '에너지는 형태만 바뀔 뿐 절대로 사라지지 않는다.'는 에너지 보존의 법칙을 배웠겠지. 자동차 엔진에서 휘발유(화학 에너지)를 태우면, 자동차가 가속되어 운동에너지로 바뀌게 되고, 브레이크를 밟으면 자동차가 정지하면서 운동에너지는 사라지지만, 브레이크와 바퀴에 열이 나면서 열에너지로 바뀌게 되지.

즉, 에너지는 형태가 계속 변할 뿐, 절대 사라지지는 않는다는 것이 에너지 보존의 법칙이지. 위의 경우 핵연료로 우주선을 가속하면, 우주선의 속도가 증가하면서 핵연료(핵에너지)가 운동에너지로 바뀌어야 함에도 속도가 증가하지 않는다면 그 에너지는 어디로 갔을까?

아인슈타인은 여기에서 또 다시 우리가 상상할 수 없는 이야기를 한단다.

"F=ma에서, 힘 F를 증기 시키는데도 가속도 a가 증가하지 않는다면 질량 m이 증가해야 한다."

사실 질량도 변할 수 있다는 생각은 아인슈타인이 처음 한 것

[그림 2-25] 질량보존의 법칙을 발견한 라부아지에 실험 장면

은 아니란다. 옛사람들은 나무나 석탄을 태우면 재만 남는 것을 보면서 질량은 변하는 것으로 생각했었지. 하지만, 1774년 프랑스의 화학자 라부아지에Lavoisier가 나무나 석탄을 태울 때 생기는 연기와 재의 무게를 모두 합치면 타기 전의 질량과 같다고 주장하면서, '질량은 어떤 경우에도 절대로 변하지 않는다.'는 질량 보존의 법칙을 만들었지.

아인슈타인이 나오기 전에는 뉴턴의 '힘과 가속도의 공식'이나 라부아지에의 '질량 보존의 법칙'은 절대적인 진리로 받아들여졌단다. 아인슈타인이 상대성이론은 만든 지 100년이 넘었는데도 불구하고 네가 배우는 학교 교과서에는 아직도 이 공식을 배우고 있잖니. 그런데도 아인슈타인은 이 두 가지 진리를 더 이상 맞지 않는 진리로 전락시켜버렸어.

나는 상대성이론을 볼 때마다 '절대 진리란 과연 존재하기나 하는 것일까?'라는 생각에 빠져든단다. 그리고 아인슈타인이 뉴턴이나 라부아지에를 뛰어넘었듯이, 또 나중에는 아인슈타인을 뛰어넘을 사람이 나올 수도 있다는 사실을 명심해라.

질량이 증가하는 것도 실험실에서 증명이 되었나요?

그럼. 실제로 입자가속기에서 입자를 가속해보면 빛의 속도에 가까이 갈수록 가속되는 양이 점차 줄어들고 아무리 에너지를 추가해도 빛의 속도에는 절대로 도달할 수 없단다. CERN과 같이 입자가속기를 가진 연구소에서 일하는 사람들은 날마다 이런 현상을 보고 있단다. 당연히 이런 현상을 전혀 이상하게 생각하지 않고 사실로 받아들인단다. 흡사 우주 정거장에서 매일 지구를 내려다보는 사람이 지구가 둥글다는 사실을 전혀 이상하게 받아들이지 않는 것처럼 말이야.

물체의 속도에 따라 질량이 증가하는 양은 얼마나 되나요?

질량 증가에 대한 공식을 유도하는 과정을 생략하고 공식만 써보기로 하자.

$$m' = \frac{m}{\sqrt{1 - \frac{v^2}{c^2}}}$$

아마도 이 공식은 이제 너에게 익숙한 모습이지. 시간 지연이나 길이 단축에 관한 공식과 비슷하지 않니? 만약 질량 1kg인 물체를 광속에 가까운 속도로 가속하면 다음 쪽의 [표4]와 같이 질량이 증가한단다.

[표4]를 보면, 지구 공전 속도보다 1000배 정도 빠른 광속의

속도	증가된 질량
0.1c	1.005
0.5c	1.155
0.9c	2.294
0.99c	7.089
0.999c	22.366
0.9999c	70.712
0.99999c	223.607
0.999999c	707.107
0.9999999c	2236.068
0.99999999c	7071.068

[표 4] 질량 1kg인 물체가 속도에 따른 질량의 변화

0.1배 정도면 질량이 1.005배로 늘어난단다. 광속의 0.1배에서 이 정도라면, 이 속도보다 10만 배나 느리게 가는 비행기의 늘어나는 질량은 거의 0이 되지.

앞쪽의 식에서 v가 c에 비해 작은 경우, 루트($\sqrt{\ }$) 안의 값은 1이 되고, 결국 $m' = m$이 되겠지. 따라서 우리가 사는 일상생활에서는 질량의 증가를 전혀 느낄 수가 없단다.

광속의 절반이면 1.15배, 광속의 0.9배(90%) 정도가 되면 비로소 2.3배 증가하지. 그리고 광속과 거의 같은 속도인 0.99배(99%)가 되면 질량은 7배가량 증가한단다. 이후 질량은 급속하게 증가하게 되는데, 속도가 광속에 가까워지면, 질량은 무한대에 가까워지는 것을 알 수 있단다.

빛과 같은 속도로 달리면 질량은 얼마나 되나요?

앞쪽의 공식에서 속도 v대신 광속 c를 대입해보면 질량 m'는 무한대가 된단다. 이것은 위의 우주선 이야기에서 이미 예견된 이야기이지. 우주선에서 힘을 아무리 주더라도 속도는 절대로 광속을 초과할 수 없기 때문이지. 즉, 광속에 가까워질수록 힘을 주더라도 속도가 거의 늘어나지 않는 대신 힘의 양 만큼 질량이 늘

어나지. 결국, 광속에 도달하려면, 질량이 무한대로 늘어나야 한다는 이야기야.

이 이야기를 바꾸어 보면, 힘을 무한대로 주어야 광속에 도달한다는 이야기이고, 현실에서는 무한대의 힘이 존재하지 않기 때문에 질량이 있는 물체는 절대로 광속에 도달할 수 없다는 이야기가 되지. 앞에서 빛의 속도보다 빨리 갈 수 있으면 과거로 돌아갈 수 있다고 했는데, 절대로 광속에 도달할 수 없다면 과거로 갈 수도 없겠지.

앞에서 은하철도 999 이야기를 했는데, 과학이 발달하면 인간이 안드로메다은하에 갈 수 있을까요?

안드로메다은하까지는 빛의 속도로 가더라도 250만 년이 걸리니까, 앞으로 아무리 문명이 발달 되더라도 안드로메다은하에 인간이 가는 것은 영원히 불가능하다고 할 수 있겠지. 하지만 아인슈타인의 상대성이론을 적용해 보면 이야기가 달라진단다.

먼저 앞에서 본 CERN 입자가속기에서 만들어진 뮤온의 이야기를 떠올려 보자. 빛의 속도에 99.94%로 가속된 뮤온의 수명이 30배(정확히는 28.9배)가 늘어났지. 이때 시간만 늘어나는 것이 아니라 뮤온이 가는 거리도 수축하지. 즉, 뮤온이 실제 간 거리는 뮤온의 입장에서는 1/30로 수축하지.

만약 인간이 빛의 속도의 99.94%로 갈 수 있는 우주선을 개발

한다면, 우주선을 탄 사람의 입장에서는 지구에서 안드로메다은하까지 거리가 1/30로 수축되겠지. 따라서 빛의 속도의 99.94%로 갈 수 있다면 250만 광년의 거리는 1/30로 줄어든 8만3천 광년으로 짧아지겠지.

다시 우주선의 속도를 올려, 이번에는 빛의 속도의 99.9999999999995%로 간다면, 거리는 백만 분의 1로 수축한단다. 즉, 250만 광년의 거리는 2.5광년으로 짧아지지. 그렇다면 2년 반 정도면 안드로메다은하에 도착할 수 있을 거야.

하지만 이때에도 문제가 있단다. 거리는 짧아지지만, 우주선의 질량은 같은 비율로 늘어나기 때문이지. 이 경우 우주선이 날아갈 거리는 백만 분의 1로 줄어들지만, 우주선의 무게는 백만 배가 증가한단다. 이렇게 무거운 우주선을 가속하려면 엄청난 에너지가 필요하겠지. 우주선의 무게가 100만 배가 증가한다면 연료를 얼마나 채워야 할까? 그리고 싣고 갈 연료가 늘어나는 만큼 그 연료 무게도 100만 배가 또 증가하겠지. 결론적으로 안드로메다은하는 아인슈타인 상대성이론을 적용한다고 해도 일반적인 우주선으로는 갈 수가 없단다.

2-7

$E=mc^2$

질량이 곧 에너지다.

이제 특수상대성이론이 끝났네요. 그런데 특수상대성이론으로 원자폭탄도 만들고 원자로에서 전기도 만든다고 했는데··· 지금까지의 이야기로는 전혀 상상이 안 돼요.

사실상 아인슈타인의 특수상대성이론에 대한 이야기가 모두 끝났지만 아직 부록의 내용이 남아있단다.

특수상대성이론이 《움직이는 물체의 전기동력학에 대하여On the Electrodynamics of Moving Bodies》라는 제목으로 발표된 지 석 달 후인 1905년 9월, 아인슈타인은 《물리학 연보》의 편집자에게 《물체의 질량은 그 에너지량에 따르는가?Does the Inertia of a Body Depend upon Its Energy-Content?》라는 제목으로 3페이지의 짧은 논문 형태로 특수상대성이론의 부록을 보냈단다. 이 부록에는 물리학 역사상 가장 유명한 공식인 $E=mc^2$에 대한 내용이 담겨있었지.

부록 형태로 만든 이 논문은 특수상대성원리를 응용한 사례로, 빛(전자기파)을 방출하는 물체를 정지한 관찰자와 움직이는 관찰자가 측정하는 경우를 비교하는 내용으로 결론은 물체가 빛(전자기파) 에너지 E를 방출하면, 그 물체의 질량 m은 E/c^2만큼 줄어든다는 것이란다. 아인슈타인의 논문에서는 $m=E/c^2$에서 끝나는데, 이 식에서 c^2을 이항하면 우리에게 잘 알려진 $E=mc^2$이 되지.(그리고 이 식을 만들어 낸 과정은 이 책 부록에 추가해 두었단다. 혹 관심이 있다면 읽어 보기 바란다.)

[그림 2-26] 1960년에 제작된 세계 최초 원자력 항공모함 엔터프라이즈 선상에서 승무원들이 $E = mc^2$라는 글자로 대열을 이룬 모습. 엔터프라이즈호는 28만 마력의 엔진에 길이 342m, 폭 78m로 2012년에 퇴역하였다.

$E=mc^2$라는 식은 본 적이 있어요. 먼저 $E=mc^2$가 어떤 의미를 갖는지에 대해 설명해주세요.

$E=mc^2$에서 광속 c는 30만km/초, 즉 3억m/초가 되니까, c^2=90,000,000,000,000,000m/초(3억의 3억 배)가 되고, 따라서 E=m×90,000,000,000,000,000m/초가 된단다. 이 공식이 의미하는 바는 '물체의 질량이 에너지로 변환될 때 에너지의 양(E, 단위는 J)은 물체의 질량(m, 단위는 kg)에 90,000,000,000,000,000을 곱한 값이 된다.'는 뜻이지. 다시 말해 아주 작은 물체의 질량이 엄청나게 큰 에너지로 변환될 수 있다는 이야기지. 예를 들어, 우라늄 원자

가 핵분열을 일으킬 때 질량이 감소하는데, 이때 감소하는 질량만큼 큰 에너지가 생긴단다. 원자폭탄은 우라늄의 핵분열을 빠르게 일어나도록 만들어, 순간적으로 큰 에너지를 발생하도록 한 것이란다. 반면 원자력 발전소는 우라늄의 핵분열을 천천히 일어나도록 만들어, 여기에서 나오는 열로 전기를 만드는 것이란다.

$E=mc^2$은 워낙 유명해서, 어떤 사람은 이 식을 아인슈타인의 특수상대성원리라고 생각하는 사람들도 있단다. 하지만 이 식은 앞에서 이야기한 특수상대성이론의 응용 결과일 뿐이야. 즉, 질량이 있는 물체에 주어진 에너지가 물체의 속도가 증가하는데 기여하지 않는다면, 결국 에너지는 질량으로 변할 수밖에 없다는 이야기 말이야. 이 식은 이후 핵폭탄이나 원자력 발전소의 이론적 기초가 되었고, 태양이나 별들이 어떻게 많은 에너지를 오랫동안 계속 낼 수 있는지를 설명할 수 있게 해 주었단다.

질량이 어떻게 에너지로 변하고, 또 에너지는 어떻게 질량으로 변하나요?

먼저 우주의 모든 물체는 전자기파(빛)를 방출하거나 흡수한단다. 예를 들어, 태양은 빛(전자기파)을 방출하고 지구는 빛을 흡수하지. 빛(전자기파)이 에너지이니까, 우주의 모든 물체는 에너지가 나오거나 흡수한다는 뜻이 되겠지.

우리가 일상생활에서 보는 물체(사람, 건물, 자동차 등)도 전자기파를 방출하거나 흡수한단다. 보통 우리가 생각할 때에는 물체가 탈 때만 빛(전자기파)이 나온다고 생각하지만, 그렇지는 않다. 예를 들면, 네 몸에서도 현재 열이 나는데, 이 열이 바로 전자기파의 일종인 적외선이란다. 따라서 네 몸도 전자기파를 방출하고 있단다. 그리고 네 몸(물체)에서 열(에너지)이 나올 때, 열이 나오는 만큼 너의 몸무게는 감소하는 거야. 이때 감소하는 몸무게는 $m=E/c^2=E/90,000,000,000,000,000$kg이 된단다. (이때 에너지 E의 단위는 주울(J)이란다.)

[그림 2-27] 적외선 카메라로 찍은 밤거리 모습

위 사진은 적외선 카메라로 찍은 밤거리 모습이다. 온도가 높을수록 적외선을 많이 방출하는데, 적외선의 방출량에 따라 밝기가 다르게 보이지. 사진을 보면 알겠지만, 질량을 가진 물체는 모두 전자기파를 발생한단다. 그리고 그에 따라 질량이 감소한단다.

반대로 물체에서 나온 전자기파는 주변의 물체에 흡수되어 온도가 올라가고, 그만큼 질량이 증가한단다. 네가 이 글을 읽는 순간에도, 네 몸의 질량이 빠져나가 다른 물체로 옮겨 가고 있단다. 또 추운 겨울날 햇볕(빛)을 쬐 네 몸이 따뜻해졌다면, 태양의 질량 일부가 너에게로 옮겨 갔단다. 즉, 빛(전자기파)은 질량을 운반하는 수단이라고 볼 수 있지.

그런데 이때 감소하거나 증가하는 질량은 너무 적어, 사람의 감각으로는 전혀 느낄 수가 없고, 사람이 만든 도구로도 측정할 수 없었단다.

상대성이론이 나오기 전까지는 나무가 타기 전의 질량과, 나무가 타고 난 후 생기는 재와 연기(이산화탄소와 수증기)를 모두 합친 질량은 똑같다고 생각하여, '물체의 형태가 바뀌더라도 질량은 증가하거나 감소하지 않는다.'는 질량 보존의 법칙을 믿었지. 하지만 나무가 탈 때 불빛(전자기파)이 방출되므로 질량이 감소한단다.

따라서 질량 보존의 법칙은 타고 난 후 질량이 감소하는 양이 너무 작아 사람이 측정할 수 없었기 때문에 생겼던 법칙일 뿐이야. 인간이 현미경을 발명하기 전에는 세균이나 바이러스가 있다고 생각하지 못한 것과 마찬가지지. 인간의 능력으로 측정이 불가능하여 만든 오류를 진리라고 믿는 본보기지. 그리고 우리가 절대 진리라고 믿고 있는 과학의 역사는 바로 이런 오류들로 이루어져 있단다.

그럼 이제 질량 보존의 법칙과 에너지 보존의 법칙은 틀린 법칙이 되었나요?

엄밀히 말하면, 그렇다고 할 수 있지. 이제는 특수상대성이론에 의해 질량 보존의 법칙과 에너지 보존의 법칙은 하나로 통합되었단다. 굳이 이름을 붙이자면 질량-에너지 보존의 법칙이 되겠지.

이 식으로 인해 우리는 이제 물질과 에너지를 예전과는 다른 방법으로 이해하게 되었단다. 즉, 물질과 에너지는 형태만 다를 뿐 같다는 것이지. 이제 물질과 에너지의 경계는 사라지게 되었단다.

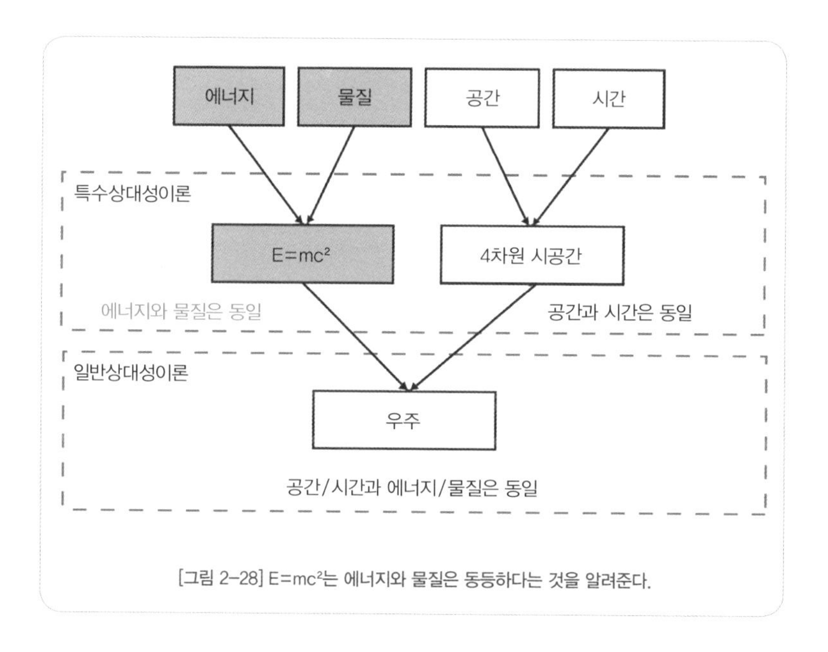

[그림 2-28] $E=mc^2$는 에너지와 물질은 동등하다는 것을 알려준다.

물질과 에너지의 경계는 사라졌다고요? 이 말은 정말 못 믿겠는데요. 물질은 눈에 보이며 만질 수 있지만, 에너지는 눈에 보이지도 않고 만질 수도 없잖아요.

실제로 원자 이하의 세계에서는 물질과 에너지의 구분이 모호해진단다. 예를 들어, 원자는 양성자, 중성자, 전자로 이루어져 있고, 전자의 질량은 양성자나 중성자의 1/1,836이란다. 따라서 원자의 질량은 대부분 양성자와 중성자가 차지하고 있단다. 그런데 양성자나 중성자 1개는 3개의 쿼크quark로 이루어져 있는데, 이 3개의 쿼크의 질량을 모두 합쳐도 양성자나 중성자 질량의 1% 밖에 되지 않는단다. 그럼 99%의 질량은 어디에 있을까? 과학자들은 3개의 쿼크를 서로 잡아당기는 에너지가 나머지 99%의 질량을 구성하고 있다고 추정한단다. 즉, 원자 질량의 99%는 에너지에서 나온다는 것이지.

물질과 에너지의 관계에 대해서는 상대성이론의 결말에서 다시 이야기하기로 하자.

그럼 우리가 학교에서 배운 물리는 모두 틀렸다는 것인가요?

아인슈타인 이전에 나온 물리학을 고전 물리학 혹은 뉴턴 물리학이라고 하는데, 고전 물리학은 시간과 공간, 그리고 질량은 절대로 변하지 않는다는 것을 전제로 만들어진 것이란다. 네가 물리책에서 본 모든 운동 공식들은 바로 이런 전제에서 만들어진 것들이지.

하지만 아인슈타인은 이런 전제를 모두 무너뜨렸단다. 즉, 시간과 공간, 그리고 질량이 변할 수 있다는 것이지. 예를 들어, 기차가 움직이기 시작하면, 기차의 길이는 짧아지고 질량은 무거워진단다. 따라서 네가 물리 시간에 배운 운동 공식들은 엄밀히 말하면 모두 틀렸다고 할 수 있지. 하지만 우리가 살아가는 일상생활에서는 네가 물리 시간에 배운 공식만으로도 충분하단다. 왜냐하면 기차의 짧아지는 길이나 무거워지는 질량은 우리가 전혀 알 수 없을 정도로 매우 작기 때문이지.

지금까지 이야기를 모두 정리해서 요약해주세요.

지금까지 특수상대성이론에 대해 모두 살펴보았는데, 재미있는 사실은 '질량과 에너지가 하나($E=mc^2$)'라는 이야기의 출발점이 '광속 불변의 법칙'에 있다는 점이란다. 지금까지 우리가 이야기한 과정을 순서대로 정리해보면 다음과 같단다.

(1) 빛의 속도는 누구에게나 일정하다.(광속 불변의 법칙) (☞ 글 1-4)

(2) 빛의 속도가 누구에게나 일정하다면, 움직이는 물체의 **시간**은 느리게 간다. (☞ 글 2-2)

(3) 움직이는 물체의 시간이 느리게 가면, 움직이는 물체의 **길이(공간)**는 수축한다. (☞ 글 2-4)

(4) 움직이는 물체의 길이가 수축한다면, 우주에서 가장 빠른 속도는 광속이다. (☞ 글 2-5)

(5) 우주에서 가장 빠른 속도가 광속이면, 움직이는 물체의 **질량**은 증가한다. (☞ 글 2-6)

(6) 움직이는 물체의 질량이 증가한다면, 질량이 곧 **에너지**이다.($E=mc^2$)

이 과정을 압축하면 '광속 불변의 법칙'에서 '질량이 곧 에너지이다($E=mc^2$)'라는 결론이 얻어지는데, 너무 신기하지 않니? 쉽게 말하면, 광속 불변의 법칙에서 원자폭탄이 만들어졌단다. 아인슈타인을 천재라고 부르는 이유를 이제 알겠지.

그리고 위의 문장에서, 시간, 길이(공간), 질량, 에너지라는 네 가지 단어가 연속으로 나오는데, 이 네 가지 사이에는 서로 밀접한 관계가 있다는 것을 알 수 있을 거야. 여기에 대해서는 상대성 이론의 결말에서 자세하게 이야기할 예정이야.

2-8

4차원의 시공간

민코프스키 공간

특수상대성이론에 대한 이야기가 모두 끝났네요. 이제 일반상대성이론에 대해 이야기할 차례인가요?

그래. 아인슈타인이 이야기한 특수상대성이론은 모두 끝났다. 이제 일반상대성이론에 대한 이야기가 남아있지. 하지만 일반상대성이론을 이해하기 위해 특수상대성이론에서 하나 더 알아야 하는 것이 있단다. 공간과 시간의 관계가 그것이란다.

특수상대성이론에서 움직이는 물체에서의 시간은 느리게 흐르고, 길이는 짧아진다는 이야기를 했지. 이런 사실로 미루어 볼 때 시간과 길이(공간)는 밀접하게 관련이 되어있다고 볼 수 있단다.

"과학적 사고를 하는 사람들은 시간이 공간의 한 종류임을 잘 알고 있다. 우리는 공간 속에서 앞뒤로 자유롭게 움직일 수 있듯이, 시간을 따라 과거-미래로 자유롭게 움직일 수 있다."

이 말은 영국의 공상과학 소설가 웰스(Wells, 1866~1946년)가 1895년에 출판한 『타임머신』이란 책에 실려 있는 말이란다. 타임머신은 영화로도 만들어졌지.

[그림 2-29] 1960년 영화 《타임머신》에 나왔던 타임머신

사실 시간을 거슬러 올라간다는 생각은 이전에도 했지만, 시간과 공간이 같은 종류라는 이야기를 과학자가 아닌 공상과학 소

설가가 먼저 이야기를 했다는 사실이 재미있지 않니?

소설에서 주인공은 굵기가 0인 1차원 직선이나 두께가 0인 2차원 평면이 실제로 존재할 수 없고 상상 속에만 있듯이, 시간이 0인 3차원 정육면체도 실제로 존재하지 않는다고 하지. 왜냐하면, 굵기가 0인 직선을 우리가 볼 수 없듯이, 단 한 순간도 지속하지 않는 정육면체도 실제로 존재할 수 없고 상상 속에서만 존재하고, 현실 속에서 존재하려면 시간도 함께 있어야 한다며 다음과 같이 이야기하지.

"모든 진짜 물체는 틀림없이 범위가 4방향이어야 합니다. 길이, 폭, 두께, 그리고 지속 시간이 있어야 합니다. 실제로는 4차원이 있습니다. 공간의 3차원과 시간이라는 4번째 차원 말입니다."

시간이 공간의 한 종류이고, 우리가 살고 있는 세계가 3차원이 아니라 4차원이라는 이야기를 한 『타임머신』이 출판된 10년 후, 아인슈타인의 특수상대성이론이 나왔단다. 그리고 웰스의 이야기가 사실이라는 것이 증명되었단다.

우리가 살고 있는 세상이 4차원이라고요?

그래. 그리고 이런 이야기를 처음으로 한 과학자는 아인슈타인이 아니란다.

아인슈타인이 스위스 취리히에 있는 대학을 다니고 있을 때, 그의 스승 중에 민코프스키(Minkowski, 1864~1909년)라는 수학 교수가 있었단다. 아인슈타인은 수학을 자신이 물리를 공부하는데 필요한 정도로만 공부를 했고, 그 이상은 필요 없다고 생각했지. 이런 이유로 민코프스키 교수 강의의 후반부에는 아예 들어가지 않았단다. 민코프스키는 아인슈타인이 공부를 안 하는 게으름뱅이라고 생각해서 아인슈타인을 매우 싫어했다고 해. 심지어 아인슈타인을 '게으른 개'라고 불렀단다.

아인슈타인이 1905년 특수상대성이론을 발표하자 민코프스키는 이 논문을 읽어 보고는 특수상대성이론을 4차원 시공간이란 개념으로 재해석하여, 1907년 괴팅겐 수학학회에 발표를 하게 되

[그림 2-30] 1896년 10월부터 4년간 아인슈타인이 다녔던 취리히 폴리테크닉 스쿨(Zurich Polytechnic School). 1911년에 스위스연방공과대학(일명 ETH 취리히)로 바뀌었다.

었지. 사실 이때까지만 하더라도 아인슈타인의 특수상대성이론은 사람들의 관심을 거의 끌지 못했지. 하지만 민코프스키의 발표 이후 특수상대성이론은 널리 알려지게 되었고, 이후 많은 사람들이 이 이론을 받아들였지.

아인슈타인은 민코프스키의 논문을 처음 보았을 때, 말도 안 되는 이야기라며 콧방귀를 뀌었단다. 하지만 나중에 아인슈타인은 민코프스키의 4차원 시공간 개념을 바탕으로 일반상대성이론을 완성하였단다. 하지만 불행히도 민코프스키는 아인슈타인이 일반상대성이론을 발표하는 것을 보지 못하고 1909년 맹장염에 걸려 45세의 나이로 숨을 거두었단다.

아인슈타인은 민코프스키가 죽고 난 후, 그가 쓴 책에 이런 이야기를 하지.

> *"민코프스키가 얼마나 중요한 공헌을 했는지 여러분이 잘 알아차리지 못할지도 모르겠습니다. 만약 민코프스키의 개념이 없었다면, 일반상대성이론은 입고 있던 낡은 옷을 벗어 던지지 못했을 것이고, 그 결과 더 이상 발전할 수 없었을 것입니다."*

스승인 민코프스키는 자신이 싫어했던 제자를 유명하게 만들어주었고, 더 나아가 그 제자가 큰 업적을 이루는데 결정적인 도움을 주었지. 세상이란 정말 아이러니하지 않니?

우리가 살고 있는 세상이 어떻게 4차원이 될 수 있나요?

우리가 사는 공간이 3차원이라는 것은 누구나 아는 사실이지. 하지만 민코프스키는 우리가 살고 있는 세상이 공간과 시간이 합쳐진 4차원의 세계라는 것이지. 즉, 시간과 공간은 별개가 아니고 하나라는 것이야.

지금까지 우리는 시간과 공간은 서로 관련이 없고, 서로 독립적이라고 생각해왔지. 하지만 시간이 변하면 공간도 따라 변한다는 상대성이론에 따르면, 시간과 공간은 서로 독립적이 아니라 분명 서로 관련이 있다는 것이지.

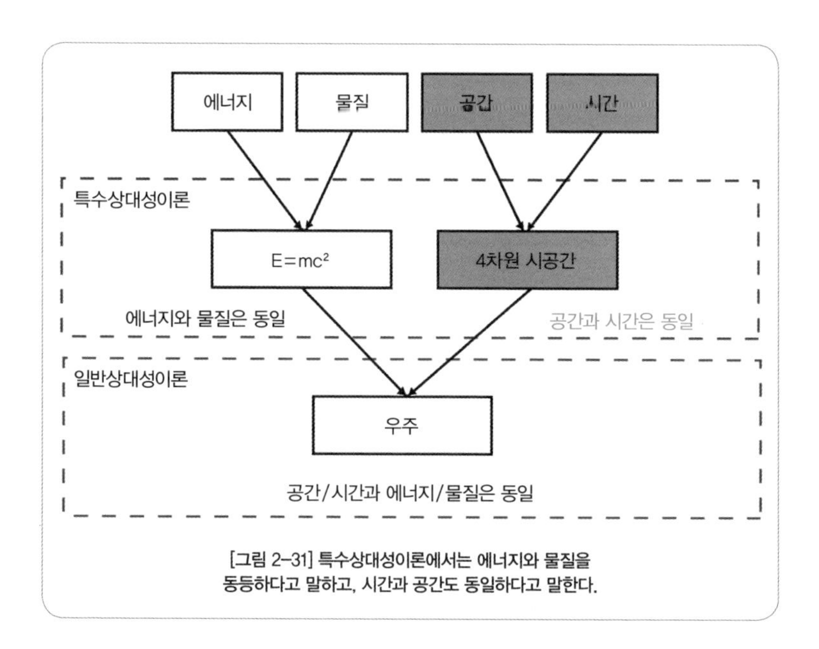

[그림 2-31] 특수상대성이론에서는 에너지와 물질을 동등하다고 말하고, 시간과 공간도 동일하다고 말한다.

수학 시간에 1차원은 선 좌표 (x), 2차원은 평면 좌표 (x,y), 3차원은 공간 좌표 (x,y,z)로 표현하는 것을 배웠지. 민코프스키는 4차원 시공간 좌표로 (x,y,z,t)로 표현을 하였단다. 이때 t는 시간을 나타내지. 시공간 좌표인 (x,y,z,t)는 공간상의 위치인 (x,y,z)에 시간을 나타내는 t를 더한 것인데, 이 좌표의 물리적인 의미는 어떤 공간 (x,y,z)에서 어떤 시간(t)에 일어난 사건을 의미하지.

이해를 돕기 위해 사고 실험을 하나 해보자.

2010년 10월 10일 10시 정각에 태양을 관찰하기 위해 망원경을 보고 있는데, 태양 표면에서 큰 폭발이 일어났단다. 그런데 이 순간 옆에 있는 물컵을 손으로 쳐서 물을 쏟았다고 한다면, 태양 표면의 폭발과 물이 쏟아진 사건은 동시에 일어났다고 이야기할 수 있지. 그런데 태양 표면에서 일어난 폭발은 사실 8분 전인 9시 52분에 일어난 것이지. 즉, 폭발 장면이 지구까지 오는데 8분 정도 걸리니까. 하지만 지구에서는 10시 정각에 폭발이 일어났다고 이야기하지.

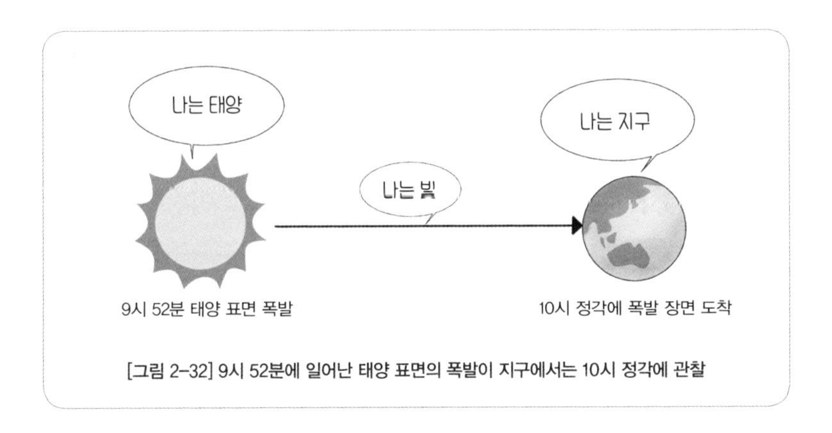

[그림 2-32] 9시 52분에 일어난 태양 표면의 폭발이 지구에서는 10시 정각에 관찰

태양 표면에서 폭발이 일어난 사건을 4차원 좌표로 기술해보면 (x,y,z, 9시 52분)가 되겠지. 이때 x,y,z는 지구의 나를 기준(원점)으로 한 태양의 좌표라고 가정하자. 이제 지구에 있는 나의 관점에서 이 사건을 4차원 좌표로 기술해보면 (0,0,0,10시)가 되겠지. 내가 물을 쏟은 사건도 (0,0,0,10시)가 되지.

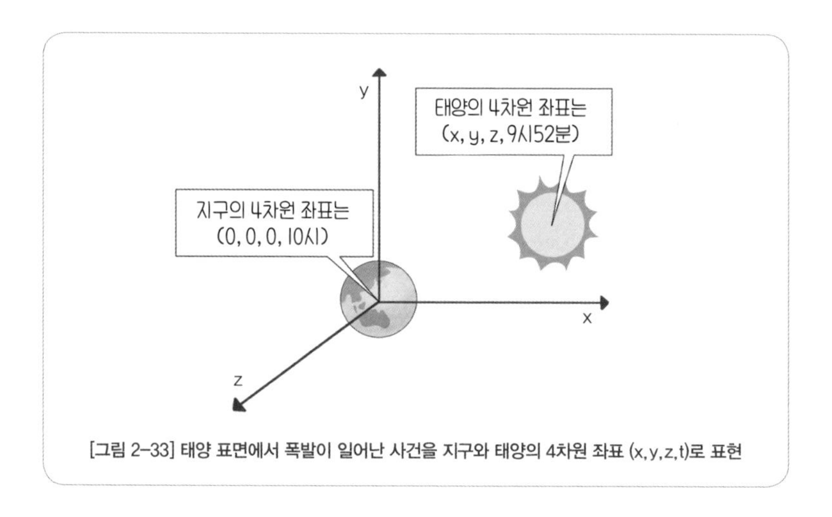

[그림 2-33] 태양 표면에서 폭발이 일어난 사건을 지구와 태양의 4차원 좌표 (x,y,z,t)로 표현

여기에서 위의 사건들을 조금 정리를 해보자.

(1) 지구에서 내가 물을 쏟은 사건 : 4차원 좌표로 (0,0,0,10시)
(2) 지구에서 본 태양 표면의 폭발 사건 : 4차원 좌표로 (0,0,0,10시)
(3) 태양에서 표면이 폭발한 사건 : 4차원 좌표로 (x,y,z,9시52분)

여기에서 (1)과 (2)는 동시(같은 시간)에 일어난 사건이라는 것은 이해가 되겠지.

다음으로 (2)와 (3)을 살펴보자. (2)와 (3)은 동일한 폭발 사건이지만, 공간 좌표와 함께 시간 좌표가 달라졌지. 하지만 민코프스키는 (2)와 (3)을 '동시'에 일어난 사건으로 간주했단다. '동시同時' 라는 단어는 '같은 시간'이란 뜻을 가졌지만, 여기에서는 그런 뜻으로 사용되는 것은 아니란다. 굳이 이야기하자면 시공간의 같은 지점이라고 이야기해야 하겠지. 또, 민코프스키는 두 점-(0,0,0,10시)와 (x,y,z,9시52분)-간의 거리를 피타고라스 정리를 이용하여 구하였을 때 0이 되면 동시가 된다고 이야기했단다.

두 점 간의 거리를 구할 때 피타고라스 정리를 이용하는 것을 기억하니?

예를 들어, 2차원 공간에서 원점 (0,0)과 점 (x,y) 간의 거리 L은

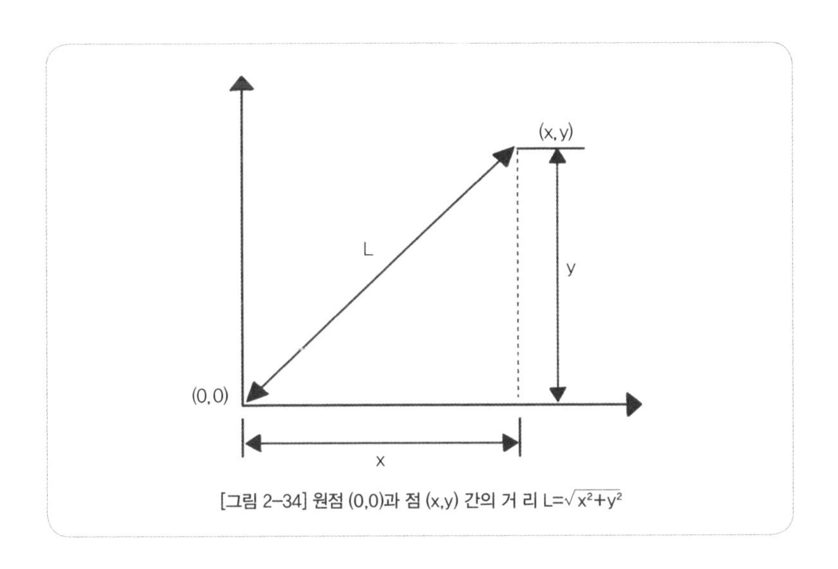

[그림 2-34] 원점 (0,0)과 점 (x,y) 간의 거리 $L=\sqrt{x^2+y^2}$

피타고라스 정리에 따르면, $L=\sqrt{(x-0)^2+(y-0)^2}=\sqrt{x^2+y^2}$ 이 되지. 만약 4차원 공간이라면, 원점 (0,0,0,0)과 점 (x,y,z,t) 간의 거리 L은 $L=\sqrt{x^2+y^2+z^2+t^2}$ 이 되겠지. 그런데 거리 x ,y ,z의 단위(cm, m, km)와 시간 t의 단위(시, 분, 초)는 다르기 때문에 단위를 통일해야 하겠지. 예를 들어, 한국 돈 1원과 미국 돈 1달러 합하려면, 먼저 달러를 원화로 환산해야 하겠지. 그리고 달러를 원화로 환산하려면, 달러에 환율을 곱하면 되지. 마찬가지로 시간을 거리로 환산하려면, 환율(환산하기 위한 비율)은 얼마나 될까?

민코프스키는 위의 예에서 (2)와 (3)을 동시에 일어난 사건으로 간주하여 (0,0,0,10시)와 (x,y,z,9시52분)의 거리가 0이 되도록 시간을 거리로 환산하였단다. 즉, 허수 i(제곱하면 -1이 되는 수)와 광속 c를 곱한 ic를 환율로 사용하여 다음과 같이 4차원 거리를 구하는 공식을 만들었단다.

$$L=\sqrt{x^2+y^2+z^2+(ict)^2}=\sqrt{x^2+y^2+z^2-(ct)^2}$$

이 식을 보면 3차원 공간상에서 두 점 간의 거리($\sqrt{x^2+y^2+z}$)와 빛이 t초 동안 가는 거리($\sqrt{(ct)^2}=ct$)가 같으면 두 점 간의 거리는 0이 된단다.

예를 들어, (2)와 (3) 사이에는 8분간의 시간 차이가 있는데, 태양에서 지구까지 거리($\sqrt{x^2+y^2+z^2}$)와 빛이 8분 동안 가는 거리($\sqrt{(ct)^2}=ct$)가 같으면, 거리 L은 0이 되고, 따라서 두 사건은 동시

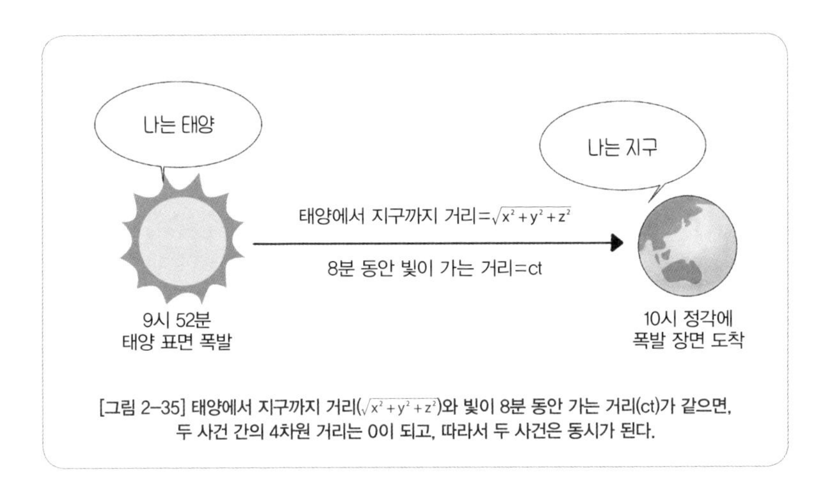

[그림 2-35] 태양에서 지구까지 거리($\sqrt{x^2+y^2+z^2}$)와 빛이 8분 동안 가는 거리(ct)가 같으면, 두 사건 간의 4차원 거리는 0이 되고, 따라서 두 사건은 동시가 된다.

라는 것이야.

이해를 돕기 위해 예 하나를 더 들어보자.

북극성은 지구에서 1000광년 떨어져 있단다. 1광년은 빛이 1년 동안 가는 거리를 말하니까, 지구에서 북극성까지 빛이 가려면 1000년이 걸리겠지. 북극성에서 누군가가 2010년 지구의 모습을 망원경으로 본다면, 북극성에서는 3010년에 볼 수 있겠지. 그렇

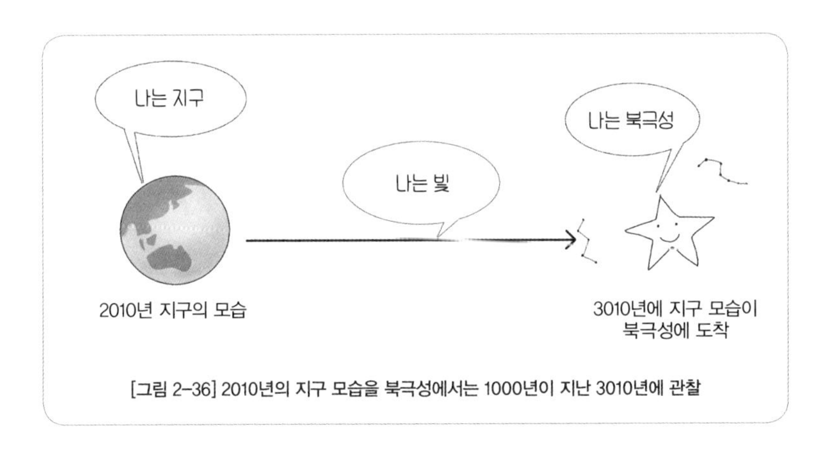

[그림 2-36] 2010년의 지구 모습을 북극성에서는 1000년이 지난 3010년에 관찰

다면, 2010년의 지구(0,0,0,2010년)와 3010년의 북극성(x,y,z,3010년)과의 4차원 거리는 0, 즉 동시라는 뜻이 되지.

그럼, 2010년에 북극성에서 지구의 모습을 망원경으로 본다면, 1000년의 전의 지구 모습을 볼 수 있겠네요?

그렇단다. 만약 네가 북극성까지 순간적으로 이동할 수 있다면, 1000년 전 지구 모습을 볼 수 있다는 이야기가 되지. 하지만 광속으로 가더라도 1000년이 걸리는 곳을 순간적으로 갈 수는 없단다. 상대성이론에 따르면 빛보다 빨리 갈 수 없기 때문이지. 상대성이론에서 빛보다 빨리 갈 수 있다면 과거로 갈 수 있다고 했는데, 빛보다 빨리 갈 수 있다면 과거를 볼 수 있다는 이야기도 되지.

또 만약 네가 움직이지 않고 제자리에 있다고 해도, 4차원 공간에서는 시간의 흐름에 따라 점차 원래의 자리에서 거리가 멀어지고 있단다. 예를 들어, (0,0,0,2010년)에서 (0,0,0,2011년) 사이의 거리는 빛이 1년간 지나가는 거리만큼 떨어져 있단다.

공간과 시간으로 이루어진 이런 4차원 공간을 시공간spacetime이라 부르는데, 일명 '민코프스키 공간'이라고도 한단다. 민코프스키와 4차원 시공간의 이야기는 일반상대성이론에서 다시 등장하니까, 네가 잊지 않았으면 좋겠구나.

민코프스키는 4차원 시공간을 평면상에 표시하여 특수상대성이론을 설명하였단다. 앞에서 나왔던 동시성의 문제나 움직이는 물체의 시간이 늘어나고 길이가 짧아지는 이유를 수식이 없이 그림만으로 설명하였단다. 만약 공식이나 수식이 없이 그림으로만 특수상대성이론을 이해하고 싶다면, 이 책 부록에 있는 '민코프스키의 세계선'을 꼭 읽어 보길 바란다.

"모든 진리는 세 가지 단계를 거친다.
처음에는 조롱을 받고, 두 번째는 격렬한 반대에 부딪치고,
세 번째는 자명한 것으로 받아들여진다."

- 쇼펜하우어 -

3장

일반상대성이론
가속도 세계의 물리 법칙

3-1 특수상대성이론과 일반상대성이론의 차이점
3-2 관성력과 중력은 힘이 아니다.
3-3 중력장과 휘어진 시공간
3-4 등가원리와 일반상대성이론
3-5 일반상대성이론을 최초로 확인시켜준 휘어진 별빛
3-6 중력장과 시간의 지연
3-7 블랙홀과 특이점 - 일반상대성이론의 사각지대
3-8 만유인력법칙과 일반상대성이론의 차이점
3-9 상대성이론의 결말 - 시간과 공간, 물질과 에너지의 통합

3-1

특수상대성이론과 일반상대성이론의 차이점

일반상대성이론에 대해 이야기하기 전에, 일반상대성이론과 특수상대성이론과의 차이점에 대해 이야기해 주세요.

앞서 특수상대성이론은 갈릴레이의 상대성원리를 기초를 하고 있다고 말했지. 일반상대성이론도 마찬가지란다. 특수상대성이론과 일반상대성이론의 차이점을 이야기하기 전에 앞에서 나왔던 3가지 이론들을 다시 한번 비교해보자.

◆ **갈릴레이의 상대성원리**

모든 운동은 상대적이며, **등속 운동**을 하는 모든 관찰자에게는 같은 물리 법칙이 적용된다.

◆ **아인슈타인의 특수상대성이론**

모든 운동은 상대적이며, **등속 운동**을 하는 모든 관찰자에게는 같은 물리 법칙이 적용된다. 단, 같은 물리 법칙이 적용되기 위해서는 **등속 운동을 하는 시공간**의 시간은 느리게 가야하고, 길이는 짧아져야 한다.

◆ **아인슈타인의 일반상대성이론**

모든 운동은 상대적이며, **가속 운동**을 하는 모든 관찰자에게도 같은 물리 법칙이 적용된다. 단, 같은 물리 법칙이 적용되기 위해서는 **가속 운동을 하는 시공간**(혹은 **중력을 받는 시공간**)은 휘어져야 한다.

위 3가지 이야기를 비교해보면, "모든 운동은 상대적이며, 모든 관찰자에게는 같은 물리 법칙이 적용된다."는 공통점이 있지.

다만 상대성이론에는 "시간과 공간이 변해야 한다."는 조건이 붙는 것이 차이점이지.

아인슈타인이 나타나기 전의 모든 과학자나 철학자들은 시간과 공간은 절대 변하지 않는 절대적 존재로 여겼단다. 그러나 19세기 말 갈릴레이의 상대성원리와 모순이 되는 광속 불변의 법칙이 나오면서, 아인슈타인은 갈릴레이의 상대성원리가 계속 유지되려면 시간과 공간이 변해야 한다고 이야기했지. 어떤 의미에서 보면, 아인슈타인의 상대성이론은 물리 법칙의 절대성을 고수하기 위해 공간과 시간에 상대성을 부여하였다고 할 수 있단다. (코페르니쿠스가 "우주의 모든 천체는 원운동을 한다는 물리 법칙을 고수하기 위해서는 지구가 태양 주위를 돌아야 한다."고 주장한 것과 비슷하지 않니?)

이제 특수상대성이론과 일반상대성이론의 차이가 무엇인지 살펴보자. 위의 3가지 이야기를 비교해 보면 알겠지만. 갈릴레이의 상대성이론과 아인슈타인의 특수상대성이론이 '등속 운동'을 하

<table>
<tr><th rowspan="2">구분</th><th rowspan="2">공통점</th><th colspan="2">차이점</th></tr>
<tr><th>시공간</th><th>운동</th></tr>
<tr><td>갈릴레이의 상대성원리</td><td rowspan="3">모든 운동은 상대적이며, 모든 관찰자에게는 같은 물리 법칙이 적용된다.</td><td>절대적 시공간</td><td rowspan="2">등속 운동</td></tr>
<tr><td>특수상대성이론</td><td rowspan="2">상대적 시공간</td></tr>
<tr><td>일반상대성이론</td><td>가속 운동</td></tr>
</table>

[표 1] 3가지 이론의 공통점과 차이점

는 시공간의 이야기라면, 일반상대성이론은 '가속 운동'을 하는 시공간의 이야기란다.

등속 운동과 가속 운동에 대해서는 학교에서 배운 것 같은데… 그래도 한 번 더 설명해주세요.

버스가 시속 10km를 달리고 있는데, 1분 후에도 똑같이 시속 10km로 달리고 있고, 2분 후에도 똑같이 시속 10km로 달리고 있다면, 이런 운동을 '같을 등等'자를 사용하여 등속等速 운동이라고 하지. 그리고 앞의 특수상대성이론에서 예로 들었던 기차나 로켓들은 모두 등속 운동을 하고 있었지.

만약 버스가 시속 10km를 달리고 있는데, 1분 후에는 시속 20km, 2분 후에는 시속 40km로 증가한다면, 이런 운동을 '더할 가加'자를 써서 가속加速 운동이라고 하지. 물론 속도가 반대로 감소하고 있을 때도 가속 운동이라고 한단다. 이때는 가속도가 마이너스가 되는 셈이지. 그리고 앞으로 이야기할 모든 물체는 바로 이런 가속 운동을 한단다.

버스가 등속 운동을 하는지 가속 운동을 하는지 알 수 있는 가장 쉬운 방법은 버스 안에서 서 있어 보는 거야. 버스가 출발하거나 갑작스럽게 브레이크를 밟으면 몸이 앞이나 뒤로 쏠리는데, 이때는 버스가 가속 운동을 하는 것이고, 손잡이를 잡지 않고 서 있어도 몸이 쏠리지 않으면 등속 운동을 하는 것이지.

더 나아가 시속 1000km로 날아가는 비행기 안에서는 몸이 쓰러지거나 뒤로 쏠리지는 않지만, 시속 60km 이하로 달리는 시내 버스에서 자주 몸이 쓰러지거나 앞뒤로 쏠리는 이유도, 비행기는 등속 운동을 하기 때문이고, 버스는 자주 가속 운동을 하기 때문이지.(물론 비행기도 출발할 때나 도착할 때는 가속 운동을 하는데, 이때에는 자리에 앉아 안전띠를 매라는 안내 방송이 나온단다.)

그러면 왜 등속 운동에 대해서는 특수상대성이론이라 부르고, 가속 운동에 대해서는 일반상대성이론이라 부르나요?

보통 우리가 듣기에는 '특수special'라는 말이 '일반general'이란 말 보다 어렵고 복잡하다는 느낌이 들기 때문에, 일반상대성이론부터 이야기하고 나서 특수상대성이론에 대해 이야기하는 것이 맞지 않을까 하고 생각할 수 있겠지. 하지만 상대성이론에서는 좀 다르단다.

일반상대성이론은 일반적인 경우, 즉 모든 경우에 다 적용되는 이론이고, 특수상대성이론은 모든 경우가 아니라 특수한 경우에만 적용되는 이론이란 뜻이지. 쉽게 예를 들면, 모든 경우가 100가지라면 특수한 경우는 100가지 중 1가지라는 뜻이야.

자동차가 도로 위를 달린다고 해보자. 차가 항상 일정한 속도로 갈 수 있겠니? 가다가 신호등을 만나면 서고, 다시 또 출발하고, 앞에 차가 끼어들면 속도를 늦추었다가 앞에 아무도 없으면 속도를 올리지(이처럼 속도가 증가하거나 감소하는 것이 바로 가속도이지). 따라서 일정한 속도(가속도가 0)로 계속 간다는 것은 매우 힘들겠지.

특수상대성이론은 속도가 변하지 않는(가속도가 0인) 물체에 대한 이야기이지만, 일반상대성이론은 속도가 변하는 물체(가속도가 0이 아닌)에 대한 이야기란다. 가속도의 값은 -무한대에서 +무한대까지 무한히 많은 경우가 있지만, 가속도가 0인 경우(즉 등속 운동인 경우)는 딱 한 번만 있지.

특수상대성이론을 만들면서 일반상대성이론도 함께 만들었나요?

1905년 특수상대성이론을 발표한 후, 아인슈타인은 등속 운동에서의 시간과 공간에 대한 이야기에 만족하지 못하였단다. 아인슈타인은 일반적인 모든 경우, 즉 가속 운동을 하는 시공간에서는 어떤 현상이 일어날까에 대해 생각하기 시작했단다.

1907년에 드디어 일반상대성이론에 대한 기본적인 생각을 완성하였어. 그리고 8년 후인 1915년 11월 25일에 일반상대성이론을 발표하었단다. 이렇게 오랜 시간이 걸린 이유는 그의 이론을 수학으로 표현하기 위함이지. 사실 아인슈타인은 학교에서 수학을 열심히 하지 않았단다. 물리 공부에 필요한 정도의 수학 공부만 하면 된다고 생각했기 때문이지. 앞에서도 이야기했듯이, 대학

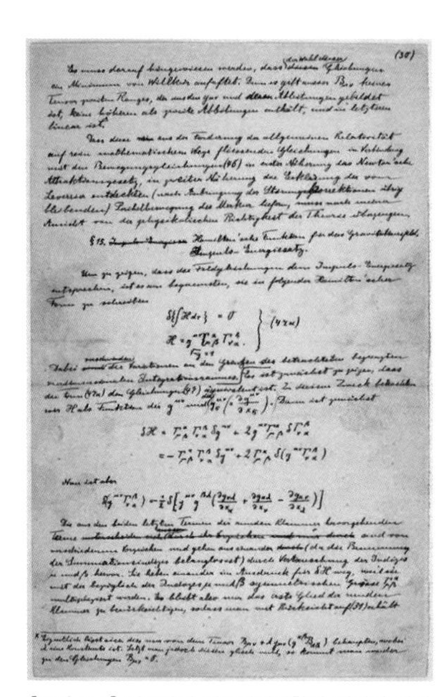

[그림 3-1] 이스라엘 예루살렘대학에 전시된 아인슈타인 일반상대성이론의 자필 논문 일부. 논문의 이름은 《중력장 방정식(The Field Equations of Gravitation)》. 최종 정리된 내용은 1916년 3월, 《일반상대성이론의 기초》라는 제목으로 발표했다.

교 수학 스승인 민코프스키는 수학 수업에 들어오지 않는 아인슈타인을 '게으른 개'라고 불렀음은 앞에서도 말했다. 하지만 아인슈타인은 이 기간 동안 수학 공부를 열심히 했고, 또 친구의 도움도 많이 받아 일반상대성이론을 완성하였단다. 이런 이유로 일반상대성이론은 특수상대성이론과는 달리 엄청난 수학(미적분 방정식)이 들어있지.

그렇다고 지레 겁을 먹을 필요는 없어. 일반상대성이론이 수식으로는 복잡할지 모르지만, 특수상대성이론보다 내용도 간단하고 이해하기도 훨씬 쉽기 때문이지. 이 글에서도 수식은 피하고, 일반상대성이론의 내용을 이해해보자꾸나.

잠깐만요. 특수상대성이론의 논문 제목은 《움직이는 물체의 전기동력학에 대하여》이고, $E = mc^2$이란 공식이 나오는 특수상대성이론의 부록은《물체의 질량은 그 에너지량에 따르는가?》이며, 일반상대성이론의 논문 제목은 《중력장 방정식》인데, 왜 사람들은 상대성이론이라고 부르지요?

사실 상대성이론이란 말은 아인슈타인이 만든 말이 아니란다. 1905년 아인슈타인이 《움직이는 물체의 전기동력학에 대하여》라는 논문을 발표하였을 때, 과학자들은 이 내용이 갈릴레이의 상대성원리를 발전시킨 것을 알고 '상대성'이란 용어를 사용하였단다. 1906년 물리학자인 플랑크는 '상대론'이라 불렀고, 1907년에는 아인슈타인의 가장 가까운 친구인 에렌페스트가 '상대성이론'이란 말을 처음으로 논문에 사용하면서, 아인슈타인도 상대성이론이란 말을 사용하였는데, 정작 아인슈타인은 상대성이론이란 말을 좋아하지 않았단다.

자신이 만든 이론이 우주의 절대적 원리가 아닌 상대적인 하나의 이론이란 뜻으로 해석될 수 있었기 때문이었지. 그래서 아인슈타인은 상대성이론 대신 상대성원리라는 말을 주로 사용하였단다. '원리principle'가 '이론theory'보다 근본적이고 더 일반적인 법칙을 담고 있기 때문이란다.

그러다가 1916년에 아인슈타인이 중력장 방정식을 기초로 '일반상대성이론'에 대한 논문을 발표하면서, 1905년의 이론을 '특수상대성이론'이라고 부르기 시작했단다.

3-2

관성력과 중력은 힘이 아니다.

특수상대성이론이 '광속 불변의 법칙'에서 출발하였다면, 일반상대성이론은 무엇에서 출발하였나요?

정말 좋은 질문이다. 특수상대성이론이 등속 운동을 하는 모든 사람에게 '빛(전자기파)의 속도가 일정하게 보인다'는 것에서 출발하였다면, 일반상대성이론은 '관성력과 중력(만유인력)은 실제로 힘이 아니며, 서로 구분할 수 없다'라는 생각에서 출발하였단다.

잠깐만요. 제가 학교에서 배운 바로는 분명 관성력과 중력을 힘이라고 배웠어요. 더욱이 관성력貫性力이나 중력重力이란 낱말에 공통으로 들어있는 '력力'자가 '힘'을 뜻하는 말이 아닌가요? 그런데 관성력과 중력은 힘이 아니라고요? 관성력은 '움직이던 물체는 계속 움직이려 하고, 멈춰 있던 물체는 멈춰 있으려 하는 힘'이라고 배웠고, 중력은 '질량이 있는 물체끼리 서로 잡아당기는 힘'이라고 배웠어요. 그렇다면 이 둘은 완전히 구분할 수 있잖아요?

네 말도 맞지만, 아인슈타인이 왜 그렇게 이야기했는지 차근차근 하나씩 답해보자.

뉴턴의 제1운동 법칙은 관성의 법칙이지. 관성慣性이란 '물체가 운동을 할 때 버릇慣처럼 계속 하려는 성질性'을 뜻한단다. 그리고 관성력이란 네가 학교에서 배웠듯이, 움직이던 물체는 계속 움직이려 하고, 멈춰 있던 물체는 멈춰 있으려는 힘을 뜻한다. 네가 물리 시간에 관성에 대해 배울 때, 선생님께서는 버스에 탄 사람을 예로 들어 설명을 하셨을 거야. 내가 학교에서 관성을 배울 때도, 선생님은 버스에 탄 사람을 예로 들었단다. 그럼 선생님께서 말씀하신 이야기를 한번 떠올려 보자.

"철수가 버스에 타고 있다. 갑자기 버스가 출발하여(즉, 버스가 가속 운동을 하여), 철수는 뒤쪽으로 넘어졌단다. 그런데 우리가 일반적으로 알고 있는 상식으로는 철수를 넘어지게 하려면 누군가가 철수를 뒤로 밀거나 당겨야 한다. 하지만 아무도 철수를 밀거나 당기지 않았음에도 불구하고 뒤쪽으로 넘어졌다. 뉴턴은 우리가 눈으로 볼 수 없지만, 이렇게 철수가 뒤로 넘어지게 하는 힘을 물체 스스로가 가지고 있는데, 이런 힘을 관성력이라고 한다."

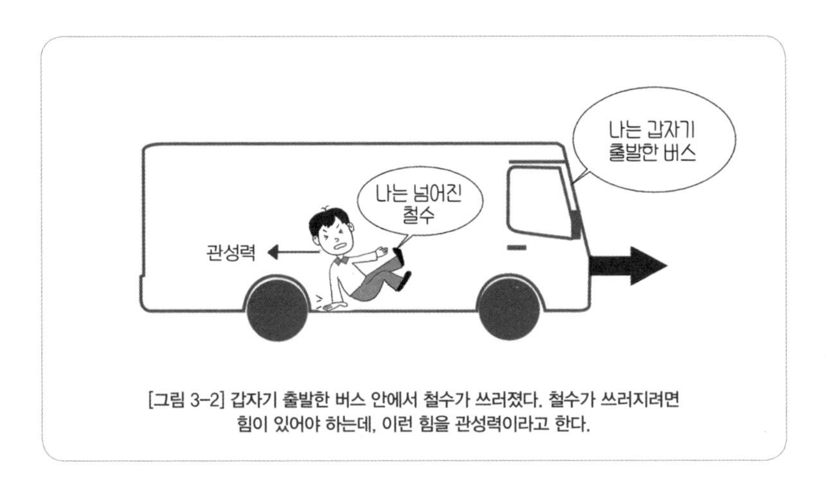

[그림 3-2] 갑자기 출발한 버스 안에서 철수가 쓰러졌다. 철수가 쓰러지려면 힘이 있어야 하는데, 이런 힘을 관성력이라고 한다.

선생님 이야기는 '철수가 버스에서 넘어지게 한 힘은 관성력이다.'로 요약할 수 있지. 그런데 이 이야기를 내가 조금 다른 각도로 이야기해 볼께.

"가만히 서 있는 철수 발 밑에 양탄자가 있다. 그 양탄자를 갑자기 휙 당겨보자. 그러면 철수는 넘어질 수 밖에 없지. 철수가 넘어진 이유는 양탄자가 철수의 발을 당겼기 때문이다."

이 이야기에서는 '철수를 뒤로 넘어지게 하는 힘은 양탄자를 당긴 힘이다.'로 요약할 수 있지. 이번에는 위 이야기에서 양탄자 대신 버스를 대입해보자,

"가만히 서 있는 철수 발 밑에 버스가 있다. 그 버스가 갑자기 앞으로 출발했다. 그러면 철수는 넘어질 수 밖에 없다. 철수가 넘어진 이유는 버스가 철수의 발을 당겼기 때문이다."

이쯤 되면 뭔가 좀 이상하다는 생각이 들지 않니? 위의 선생님

[그림 3-3] 갑자기 출발한 버스 안에서 철수가 쓰러졌다.
버스가 철수의 발을 당겼기 때문이다. 철수를 넘어지게 한 힘은?

이야기에서는 철수가 넘어진 이유를 우리가 흔히 아는 관성력 때문인데, 바로 위의 이야기에서는 버스가 철수 발을 당겼기 때문이지. 그렇다면 철수를 뒤로 넘어지게 한 진짜 힘은 무엇일까?

정말 이상하네요. 두 가지 이야기가 똑같은 상황인데도 불구하고, 철수를 넘어지게 한 힘은 서로 다르다는 것이 이해가 되지 않네요. 분명 내가 학교에서 배운 바로는 관성력 때문에 넘어졌다고 배웠는데, 아빠 말을 들으니 버스가 철수의 발을 당겨서 넘어진 것 같네요.

네가 혼란스러운 것이 나는 이해가 된단다. 왜냐하면, 관점에 따라 관성력이 철수를 넘어지게 할 수도 있고, 버스가 철수를 넘어지게 할 수도 있단다. 앞에서 예로 든 기차 안 사과를 보자 사과가 정지하고 있는지 움직이고 있는지는 관점에 따라 다르다고

[그림 3-4] 버스 안에 있는 동수는 철수가 관성력 때문에 넘어졌다고 말하고
버스 밖의 정수는 철수가 버스 때문에 넘어졌다고 한다.

한 것이 기억나니? 기차를 타고 있는 동수는 사과가 정지하고 있고, 기차 밖에 서 있는 정수는 사과가 움직이고 있다고 이야기했지. 이 경우도 마찬가지란다. 버스를 타고 있는 사람은 관성력 때문이라고 하고, 버스 밖에 있는 사람은 버스가 발을 당겼기 때문이라고 이야기하지.

이해가 될 듯하면서도 어렵네요. 좀 더 쉽게 설명해주실 수 있나요?

그래. 좀더 쉽게 설명하기 위해 이 이야기를 조금 바꾸어서 해보자. 만약 철수가 버스에 발에 닫지 않고 공중 부양을 하고 있었

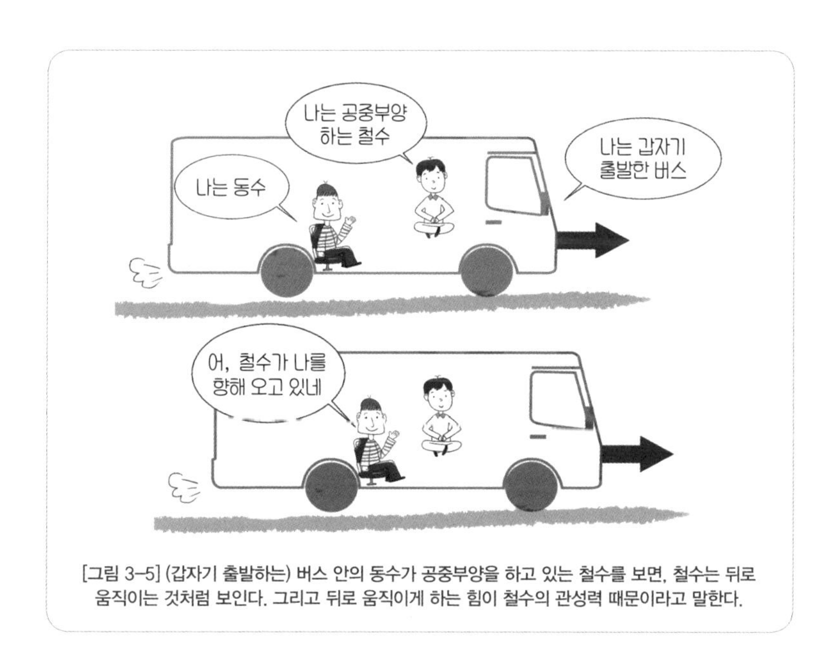

[그림 3-5] (갑자기 출발하는) 버스 안의 동수가 공중부양을 하고 있는 철수를 보면, 철수는 뒤로 움직이는 것처럼 보인다. 그리고 뒤로 움직이게 하는 힘이 철수의 관성력 때문이라고 말한다.

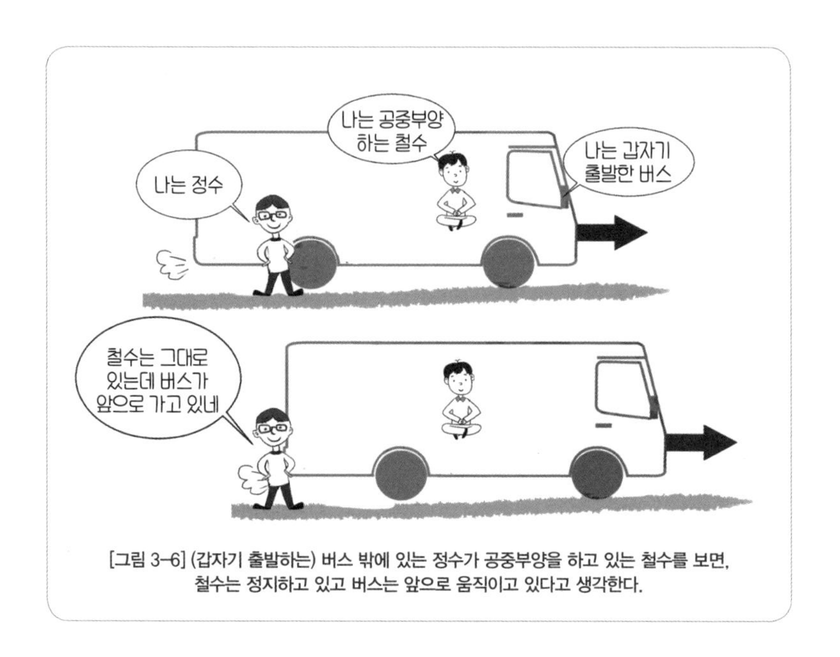

[그림 3-6] (갑자기 출발하는) 버스 밖에 있는 정수가 공중부양을 하고 있는 철수를 보면,
철수는 정지하고 있고 버스는 앞으로 움직이고 있다고 생각한다.

다면 어떨까? 이 상황을 버스 안과 밖의 사람이 보면 어떤지 정리해보자. 먼저 버스 안에 앉아 있는 동수가 철수를 보면 어떨까? 버스 안의 동수는 분명 이렇게 이야기할거야.

"철수가 나를 향해 오고 있네."

이제 버스 밖에 있는 정수가 철수를 보면 어떨까? 버스 밖의 정수는 분명 이렇게 이야기할거야.

"철수는 제자리에 그대로 있는데, 버스는 앞으로 가고 있네."

위 이야기들을 요약을 하면 이렇지. 버스 안의 동수는 철수가 뒤로 넘어지거나 움직이는 것은 관성력(힘) 때문이라 생각하고, 버스 밖의 정수가 보면 철수는 아무런 힘도 받지 않았고, 그냥 그

자리에 정지하고 있었다고 생각하겠지.

이 이야기를 다르게 표현하면 관성력은 가속 운동을 하는 버스를 탄 사람이 보면 있지만, 버스 바깥에서 정지해 있는 사람이 보면 없지. 즉, 관성력은 보는 사람(물리 용어로 기준계)에 따라 있기도 하고 없기도 한 힘이지. 물리 용어로 말하면, 관성력은 기준계에 따라 있기도 하고 없기도 한 힘이다고 말할 수 있지.

그렇다면 관성력은 실제로 존재하는 힘인가요?

힘이 생기려면 휘발유나 전기와 같은 에너지가 있어야 하지. 예를 들어, 버스를 가속하려면 힘이 있어야 하고, 그런 힘을 만들기 위해 휘발유를 엔진에서 태워 에너지를 얻지. 만약 집에 있는 선풍기를 돌리려면 전기라는 에너지가 필요하지만 위의 경우 철수는 힘을 만들기 위해 어떤 에너지도 소비하지 않았지. 따라서 관성력이라는 힘은 이 세상에 존재하지 않는 허구란다.

그러면 왜 뉴턴은 관성력이라는 것을 만들었나요?

뉴턴이 만든 제2운동 법칙은 '힘과 가속도의 법칙'(F=ma)이지. 이 법칙에 의하면 "물체가 가속되려면 반드시 힘이 있어야 한다."는 것인데 버스에 탄 동수 입장에서 철수를 보면, 공중부양을 한 철수가 뒤로 가속되었지. 힘과 가속도의 법칙에 따르면, 철수가 뒤로 가속되기 위해서 힘이 있어야 하고, 결국 이런 현상을 설명하기 위해 뉴턴은 관성력이라는 허구의 힘을 만들었단다.

이처럼 실제로 있는 힘이 아니고, 가속 운동을 하는 사람에게만 보이는(있다고 믿어지는) 힘(관성력)을, 겉보기 힘^fictitious force^이라고 부른다. 영어 fictitious는 허구나 소설을 뜻하는 픽션^fiction^의 형용사형으로 '허구의' 혹은 '지어낸'이란 뜻을 갖고 있지.

이 이야기는 아주 중요하므로 다시 한번 정리해보자.

겉보기 힘이란 물체의 상호 작용(밀거나 당김)이나 에너지를 소진해서 생기는 힘은 아니고, 단지 물체의 운동을 설명하기 위하여 허구로 만든 힘이란다.

위의 예를 다시 살펴보자. 버스 밖에 서 있는 정수가 볼 때는 공중부양을 하고 있는 철수는 그냥 그 자리에 그대로 있었을 뿐이야. 하지만 가속 운동을 하고 있는 버스나 동수를 기준으로 보면, 철수가 뒤로 가속 운동을 하고 있지. 그런데 가속 운동을 하려면 힘이 필요하지 않니? 그래서 관성력이라는 허구의 힘을 만들어 철수의 움직임을 설명하려고 하였단다. 따라서 위의 예에서는 버스 안에 있는 동수가 볼 때에만 관성력이 존재하지.

이야기를 듣고 보니, 관성력이 허구네요. 그럼 중력도 허구인가요?

뉴턴은 우리 눈으로 볼 수 없지만, 질량을 가진 2개의 물체 간에는 서로 잡아당긴다고 생각하고, 그런 힘을 '만유인력'이라고 불렀단다. 보통 우리는 이런 힘을 '무게 중重'자를 사용하여 '중력重力'이라고 부르지. 즉, '무게重로 인한 힘力'이라는 뜻이지. 즉 뉴턴은 사과가 떨어지는 이유를 중력이라고 부르는 힘이 아래로 잡아당겼기 때문이라고 생각했지. 그리고 이러한 중력을 생각한 이유가 사과가 땅에 떨어지는 이유를 설명하기 위함이었단다. 하지만 중력이라는 힘도 관성력과 마찬가지로 관찰자에 따라 생겼다가 없어졌다가 한단다.

중력도 관찰자에 따라 생겼다가 없어졌다가 한다고요?

그래. 예를 하나 들어 보자. 동수가 손에 사과를 들고 엘리베이터를 타고 있다. 엘리베이터에는 창문이 없기 때문에 바깥을 전혀 볼 수 없단다. 그래서 동수는 엘리베이터가 정지하고 있는지, 올라가고 있는지, 내려가고 있는지 전혀 알 수 없겠지. 그런데 이때 갑자기 엘리베이터의 줄이 끊어져 자유낙하를 하기 시작했단다. 그때 동수는 사과를 손에서 놓았단다. 이때, 동수가 사과를 보면 사과는 어떤 운동을 할까?

(1) 사과가 엘리베이터 바닥으로 떨어진다.

(2) 사과가 공중에 떠 있다.

아! 이건 제가 자신 있게 정답을 맞출 수 있어요. 예전에 TV 프로 무한도전의 그래비티 편에서 비행기를 타고 가면서 우주 체험하는 것을 본 적이 있어요. 비행기가 자유 낙하하기 시작하니까 비행기 안의 모든 사람과 물건들이 흡사 무중력 상태처럼 둥둥 떠다는 것을 본 적이 있어요. 동수와 사과가 엘리베이터와 함께 자유 낙하를 하니까, 사과는 공중에 떠 있는 것처럼 보이겠지요. 따라서 답은 (2)번이겠네요.

그래 맞다. 동수 눈에는 사과가 공중에 떠 있으니까, 사과에 중력이 미치지 않는 것처럼 보이겠지. 이런 상태를 '무중력 상태'라고 이야기한다. 그리고 동수는 자신도 무중력 상태에 있다고 생각하겠지. 무중력無重力이란 말은, 말 그대로 '중력重力이 없다無'는 뜻이야. 즉, 동수가 볼 때, 사과나 자신에게 미치는 중력은 없다는 뜻이지.

이번에는 엘리베이터 밖에 있는 정수가 동수와 사과를 보고 있다고 하자. 당연히 동수와 사과는 땅을 향해 떨어지고(가속 운동을 하고) 있지. 그리고 왜 땅을 향해 떨어지느냐고 물으면 이렇게 대답하겠지.

"지구 중력으로 인해 동수와 사과가 땅을 향해 떨어지고(가속 운동을 하고) 있다."

이처럼 똑같은 사과를 보고 있는데도, 엘리베이터 안의 동수는 중력이 미치지 않는다고 이야기하고, 엘리베이터 밖의 정수는 중

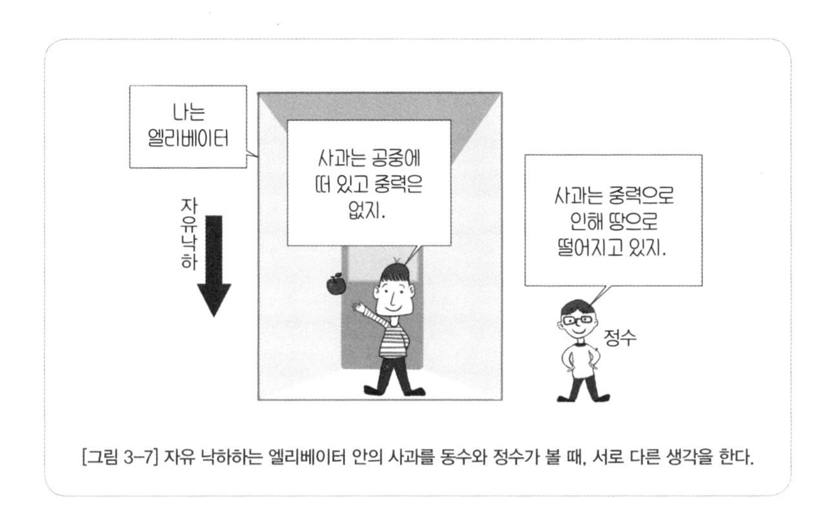

[그림 3-7] 자유 낙하하는 엘리베이터 안의 사과를 동수와 정수가 볼 때, 서로 다른 생각을 한다.

력이 미친다고 이야기한단다. 중력도 관성력처럼 보는 사람에 따라 있다가 없다가 하며, 이를 물리 용어로 말하면, 중력은 기준계에 따라 있기도 하고 없기도 한 힘이다고 말할 수 있다.

잠깐만요. 엘리베이터 밖의 정수가 기준계가 된다는 것은 이해가 되는데, 자유 낙하하는 엘리베이터 안의 동수가 기준계가 된다는 것은 순전히 억지처럼 들리네요. 어떻게 동수가 기준계가 될 수 있나요?

충분히 될 수 있단다. 갈릴레이는 이 우주에서 절대적으로 정지한 것도 없고, 절대적인 기준계도 없다고 이야기했지. 모든 것은 상대적이고 따라서 누구든 기준계가 될 수 있단다.(그래서 상대성원리나 상대성이론이란 이름에 '상대성'이란 말이 들어가 있단다.) 위에서 관성력을 설명하기 위해, 버스 안의 동수가 기준계가 되었듯이, 중력을 설명하기 위해 엘리베이터 안의 동수가 기준계가 되었을 뿐이란다.

이제 에너지 관점에서 중력이란 힘을 살펴보자. 중력이라는 힘이 생기기 위해서 휘발유나 전기와 같은 에너지원이 필요할까? 관성력과 마찬가지로 중력을 만들기 위해 에너지원은 전혀 필요 없단다. 결론적으로 중력도 실제로 존재하는 힘이 아니라 겉보기 힘일 뿐이야.

그렇다면 뉴턴은 왜 중력이라는 것을 만들었나요?

뉴턴은 사과가 땅을 향해 가속 운동을 하는 것을 보았지. 그런데 뉴턴은 자신이 만든 '힘과 가속도의 법칙'(F=ma)에 따르면, 사과가 땅을 향해 가속 운동을 하려면 힘이 반드시 있어야 하지. 결국 이런 현상을 설명하기 위해 중력이라는 허구의 힘을 만들었단다.

아인슈타인은 우리가 너무나 익숙하게 생각하는 관성력과 중력에 대해 의문을 가졌단다. 만약 관성력이나 중력이 힘이라면 힘을 만들기 위해 에너지가 필요한데, 에너지는 어디에도 없지. 만약 자신이 에너지를 가지지 않으면 다른 물체가 밀거나 당겨야 하는데, 밀거나 당기려면 다른 물체와 접촉을 해야 하지. 하지만 버스 안에서 공중 부양하는 철수나 엘리베이터에 있는 사과는 어떤 다른 물체와도 접촉한 적이 없지.

사실 만유인력의 법칙을 만든 뉴턴도, 질량을 가진 두 물체가 접촉하지 않고도 서로에게 힘을 미칠 수 있는 이유를 설명하지 못한 채로 죽었단다. 뉴턴이 한 말을 조금 인용해보자.

"어떤 물체가 공간을 사이에 두고 떨어져 있는 다른 물체에 대해 영향을 줄 수 있다는 논리는 나에게 불합리해 보였다. 철학적인 문제에 관해 엄밀하게 추론할 수 있는 능력을 가진 사람이라면, 어느 누구도 그럼 개념에 대해 책임을 지려 하지 않을 것이라고 생각한다."

뉴턴은 자신이 만유인력 법칙을 만들었지만, 두개의 물체가 서로 잡아당기는 보이지 않는 힘의 존재에 대해서는 의문을 가졌단다. 아인슈타인의 일반상대성이론은 바로 이런 의문에 대한 해답이 된단다.

지금까지 너는 관성력이나 중력이 힘의 일종이라고 굳게 믿고 있었겠지. 하지만 아인슈타인은 일반상대성이론에서 "관성력이나 중력(만유인력)이란 힘은 존재하지 않는다."고 이야기하지. 그리고 이 이야기가 분명 논리적이고 합리적임에도 너는 거부감을 느낄 거라고 확신한다. 아인슈타인의 특수상대성이론에서 "움직이는 사람의 시간은 느리게 간다."는 이야기를 처음 들었을 때처럼 말이지.

3-3

중력장과
휘어진 시공간

아인슈타인은 이 질문에 대해 일반인이 생각할 수 없는 방법으로 답변을 했단다. "공간이 휘어져 있기 때문이다."라고. 아마 너는 '휘어진 공간'이란 말이 익숙하지 않을 거야. 따라서 나는 '휘어진 공간'이란 말 대신 '중력이 있는 공간'이란 말을 쓸 거야. 지금부터, '중력이 있는 공간'이란 말을 '휘어진 공간'과 같은 개념으로 이해하렴.

무중력 상태의 공간(휘어지지 않은 공간)에서 공을 앞으로 던지면 공은 직선을 그리며 똑 바로 나아가겠지. 하지만 중력이 있는 공간(휘어진 공간)에서 공을 앞으로 던지면, 공은 가속되면서 포물선을 그리며 땅에 떨어지지. 중력이 미치는 중력장에서는 이와 같이 모든 물체가 포물선 운동을 한단다.

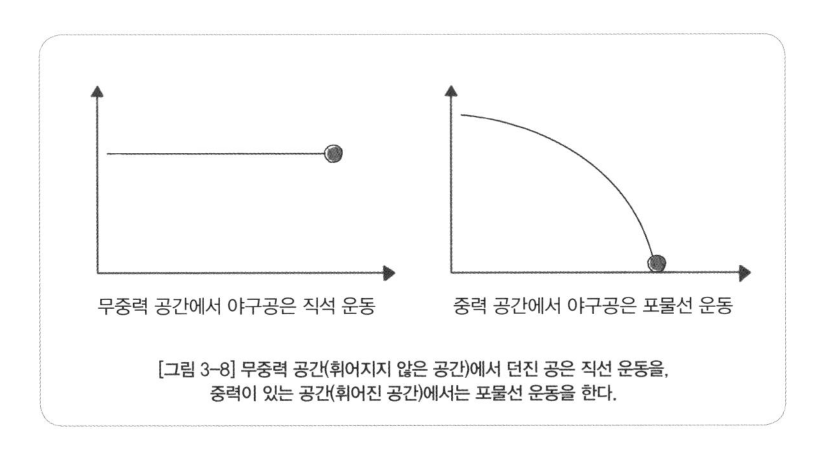

[그림 3-8] 무중력 공간(휘어지지 않은 공간)에서 던진 공은 직선 운동을, 중력이 있는 공간(휘어진 공간)에서는 포물선 운동을 한다.

하지만 아인슈타인은 일반상대성이론에서 무중력 공간이든 중력이 있는 공간이든 공은 직선 운동을 하고 있다고 이야기한단다.

포물선을 그리는 공이 직선 운동을 한다고요? 상대성이론에 너무 골몰하다보니, 아인슈타인이 좀 이상해진 것이 아니에요?

그건 아냐. 조금만 인내심을 가지고 이야기를 끝까지 들어보렴.

앞에서도 이야기했듯이, 아인슈타인은 '중력은 힘이 아니다.'고 생각했다. 중력이 힘이 아니라면, 중력이 있는 공간에서 공을 던지더라도 공은 직선 운동을 해야 하겠지. 그렇다면 왜 중력장에서는 앞쪽 [그림3-8]처럼 공이 직선으로 날아가지 않고 곡선을 그리면서 떨어질까?

아인슈타인은 사실 공은 직선으로 가지만, 공간이 휘어졌기 때문에 곡선으로 가는 것처럼 보일 뿐이라고 이야기했어. 즉, 휘어진 공간 속에서 공은 직선으로 가고 있지만, 우리 눈에는 곡선으로 보인다는 것이지.

곡선이 직선이라고요? 원을 보고 사각형이라고 말하는 것과 무엇이 다르죠?

네 말이 옳다. 아마 이 이야기를 끝까지 들어 보면 그렇지 않다는 것을 알 수 있을 거야.

먼저, "직선이란 무엇인가?"에 대한 정의부터 해보자. '직선은 두 점 사이를 잇는 가장 짧은 경로이다.'는 것은 너도 알 거야. 그러면 '가장 짧은 경로'가 무엇인지 생각해보자.

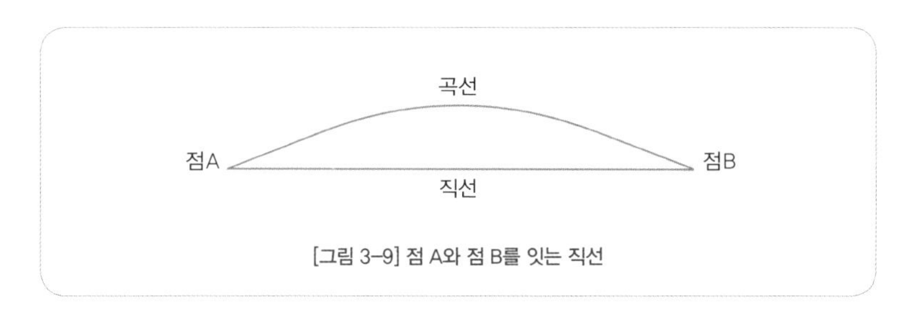

[그림 3-9] 점 A와 점 B를 잇는 직선

위 그림을 보면 점 A에서 출발한 빛이 점 B로 가는 방법은 여러 가지가 있어. 직선으로 갈 수도 있고, 곡선으로 갈 수도 있다. 이 중 '가장 짧은 경로'는 직선이 되겠지. 이때 '가장 짧은 경로'는 빛이 A에서 B까지 가는데 걸리는 시간을 재어 볼 때, 가장 짧은 시간이 걸리는 경로라고 할 수 있지. 그리고 이와 같이 가장 짧은 시간에 빛이 지나가는 경로를 우리는 직선이라고 부르지. 너무나 당연한 이야기를 너무 길게 이야기하는 것 같아 미안하지만 이야기는 지금부터야.

"빛은 가장 짧은 시간이 걸리는 경로로 지나간다."는 이야기는 '페르마의 원리'라고 부르는데, 페르마(Fermat, 1601~1665)년는 프랑스의 수학자로 수학에 많은 공헌을 한 사람이란다.(네가 다녔던 학원 중 '페르마 수학학원'이 있지? 바로 이 사람의 이름을 딴 것이란다.)

이 사람은 빛이 물속에 들어 갈 때 굴절하는 이유를 페르마의 원리로 설명을 한단다. 아래 그림은 A에서 물속에 있는 B까지 빛이 지나갈 수 있는 여러 가지 경로를 표시한 것이란다.

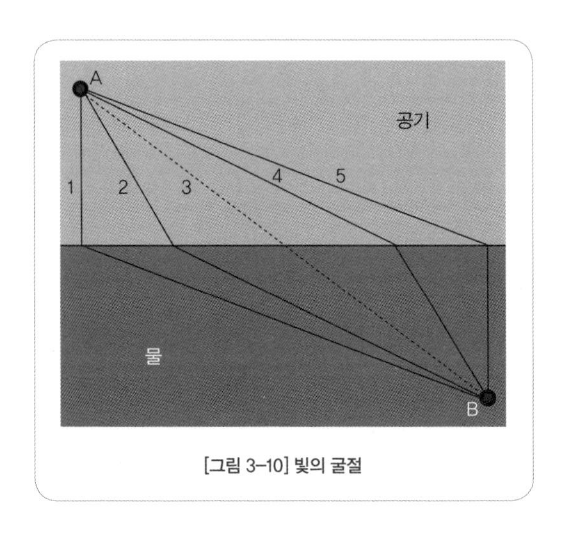

[그림 3-10] 빛의 굴절

"빛이 직진한다."는 원리를 적용하면 빛의 경로는 A와 B를 잇는 직선(경로 3)이 되겠지. 하지만 네가 물리 시간에 배웠듯이 빛은 물속에 들어가면서 굴절을 하게 되지. 그럼 왜 직진하지 않고, 굴절 할까?

빛이 공기 속에서 지나갈 때는 초속 30만km이지만, 물속에서는 초속 22.5만km로 느려진단다. 그러면 A에서 출발한 빛이 B에 도달할 때까지 가장 시간이 적게 걸리려면, 속도가 느려지는 물속에는 가급적 경로를 짧게 하고, 대신 속도가 빠른 공기 속의 경로는 늘이는 것이 좋겠지.

무슨 말인지 잘 이해가 되지 않으면 이렇게 이야기해 보자. 그림에서 윗부분은 모래사장이고, 아랫부분은 바다라고 생각하자. 너는 A 지점에 서 있단다. 이때 B 지점에서 사람이 물에 빠졌단다. 그러면 네가 최대한 빨리 B까지 가려면 어떤 경로로 가는 것이 좋을까?

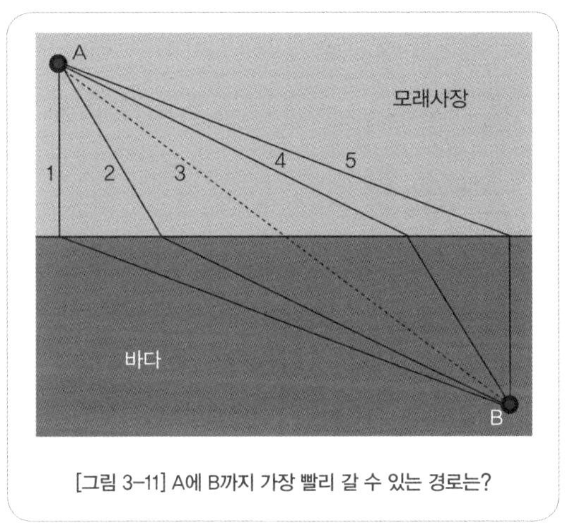

[그림 3-11] A에 B까지 가장 빨리 갈 수 있는 경로는?

가장 간단하게 생각할 수 있는 경로는 A에서 B에 이르는 직선(경로 3)이 되겠지. 하지만 바다 물속에서 헤엄치는 것보다 모래 위를 뛰어가는 것이 빠르겠지. 그렇다면 조금 더 많이 뛰어가더라도 헤엄을 적게 치는 것이 더 빨리 도달할 수 있겠지. 그리고 모래 위에서 가는 거리가 좀 늘어나더라도 바닷속에서 거리가 짧아지는 편이 좋겠지. 이런 점을 고려하면 직선(경로 3)보다는 약간 오른쪽에 있는 경로(경로 4)가 더 빠르게 갈 수 있겠지. 그렇다고 가장 오른쪽에 있는 경로(경로 5)를 선택하면 모래에서 뛰어가는 시간이 너무 많이 걸려, 전체적으로는 시간이 더 걸릴 수 있지.

빛도 마찬가지야. 빛이 A에서 B까지 가장 빨리 가려면 직선으로 가는 것보다 약간 꺾여서 지나가는 것이 가장 짧은 시간이 걸린단다.(자연이란 정말 신기하지 않니? 흡사 빛이 인간처럼 의식을 가지고, 가장 빨리 지나갈 수 있는 길을 찾는 듯한 느낌이 들지 않니?)

사막의 여행자들이 보는 신기루 현상도 같은 원리로 설명이 된단다.

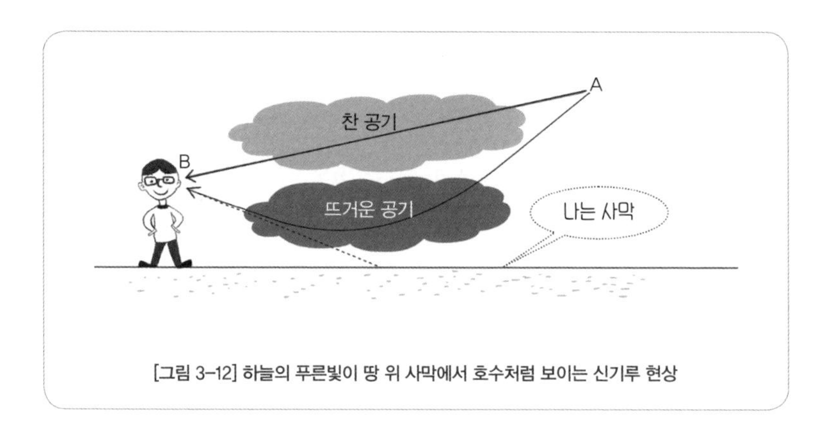

[그림 3-12] 하늘의 푸른빛이 땅 위 사막에서 호수처럼 보이는 신기루 현상

푸른 하늘에 있는 빛이 A지점에서 B지점까지 갈 때, 찬 공기 속에서 직진하는 것보다는 뜨거운 공기를 통과하면서 돌아가는 것이 더 빨리 갈 수 있기 때문이지.

찬 공기는 밀도가 높아 빛의 속도가 느리고, 뜨거운 공기는 밀도가 낮아 빛의 속도가 빠르기 때문에, 빛의 입장에서는 좀 돌아가더라도 뜨거운 공기 속을 지나가는 편이 시간이 짧게 걸리기 때문이지.

사막의 여행자는 아래 방향에서 오는 빛을 보고, 땅에 푸른 호수(사실은 하늘의 푸른 빛)가 보인다고 착각하는 것이 신기루 현상이란다.

직선의 정의가 가장 짧은 시간이 걸리는 빛의 경로라고 정의한다면, 빛의 굴절이나 신기루의 경우에는 지금까지 우리가 아는 직선과는 모습이 다르지. 즉, 밀도가 다른 물질 사이를 통과하는 빛의 경로 중 시간이 가장 적게 걸리는 경로는 우리가 지금까지 생각해온 것과는 다르다는 것을 보여주지.

아인슈타인의 일반상대성이론에서는 밀도가 다른 물질 사이를 빛이 지나 가는 경우와는 달리, 중력을 받으면 공간 자체가 휘어진다고 이야기하고 있단다.

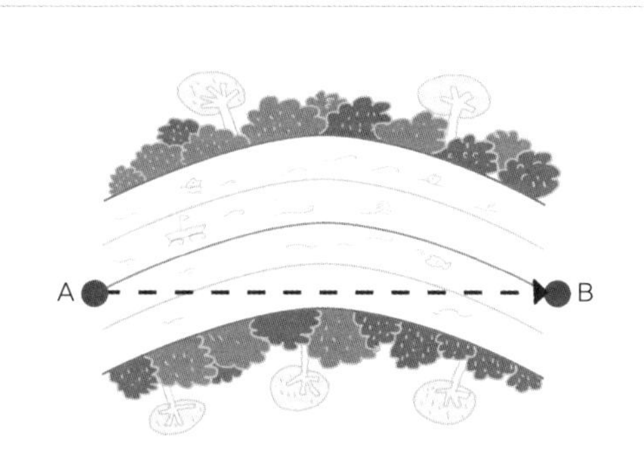

[그림 3-13] 휘어져 흐르는 강물이 있다. 이 때 점 A에서 점 B까지 헤엄쳐 가려면 점선보다는 실선을 따라 가는 것이 가장 빨리 갈 수 있다.

만약 공간이 휘어져 있다면, 공이 곡선으로 날아가는 것처럼 보이지만 사실은 직선(가장 빨리 갈 수 있는 경로)으로 가고 있겠지. 반대로 직선으로 가는 것이 사실은 곡선으로 가고 있는 것이라고 볼 수 있을 거야.

공간이 휘어져서 포물선 운동을 한다고요? 그렇다면 야구공을 던졌을 때와 총알을 쏘았을 때, 똑같은 중력을 받으면 똑같이 휘어진 공간을 지나가야 하잖아요. 그런데 야구공이 날아갈 때 포물선 경로는 크게 휘어지지만, 총알이 날아갈 때는 크게 휘어지지 않는 이유는 뭐예요?

이 질문에 대한 답변에 앞서, 민코프스키라는 사람을 기억하지? 민코프스키는 아인슈타인의 스승이면서 동시에, 아인슈타인

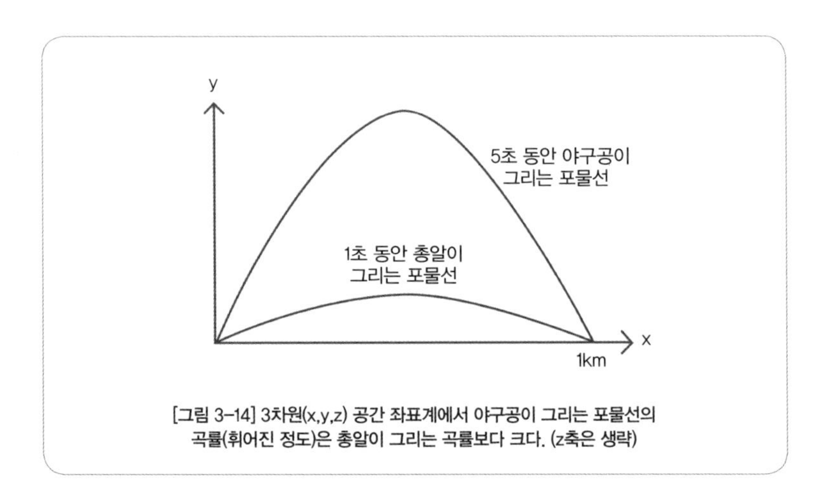

[그림 3-14] 3차원(x,y,z) 공간 좌표계에서 야구공이 그리는 포물선의 곡률(휘어진 정도)은 총알이 그리는 곡률보다 크다. (z축은 생략)

의 특수상대성이론을 보고는 4차원 시공간이라는 개념을 만들어 아인슈타인이 일반상대성이론을 만드는데 기여를 했다고 앞에서 이야기했단다.

아인슈타인은 중력으로 인해 휘어지는 공간이 3차원이 아니라, 우리가 살고 있는 4차원이라고 했다. 즉 공간이 휘어진 정도(수학에서는 이런 값을 곡률이라고 부르지)를 고려할 때 x,y,z로 이루어진 3차원 좌표에 시간 t를 추가적으로 고려해야 한다고 했단다.

3차원 공간상에서 야구공과 총알의 경로를 보면 곡률이 다른데, 야구공과 총알이 날아가는 시간을 고려한 4차원 시공간에서 곡률을 계산하면 같은 값이 나온다는 것이지.

그럼 4차원 시공간 좌표계에서 야구공과 총알이 날아가는 경로를 그려보자. 이때 시간 t를 거리로 환산하면 시간 t에 광속 c(300,000km/초)를 곱하면 된단다.(앞서 2-8에 나온 '4차원의 시공간

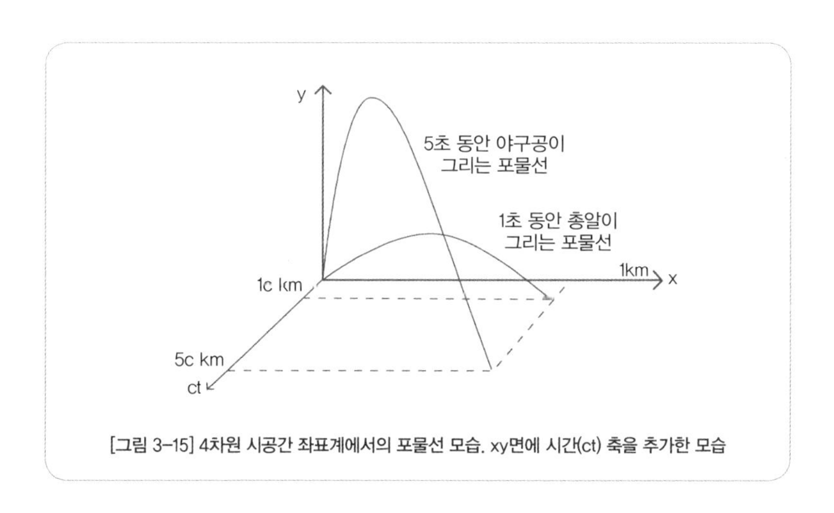

[그림 3-15] 4차원 시공간 좌표계에서의 포물선 모습. xy면에 시간(ct) 축을 추가한 모습

- 민코프스키 공간'을 참조하기 바란다.)

[그림3-15]는 xy면에 시간(ct) 축을 추가한 모습이다. 시간(ct) 축이 너무 길어지기 때문에(c가 300,000이니까), 지면 관계 상 앞의 그림은 시간(ct) 축을 축소시켜 그려 놓았단다. 만약 이 2개의 포물선을 한 면 위에 놓았을 때의 모습은 아래 그림과 비슷하고(실제로는 가로축의 길이가 엄청나게 길거야), 2개의 포물선은 곡률이 똑같음을 알 수 있을 거야.

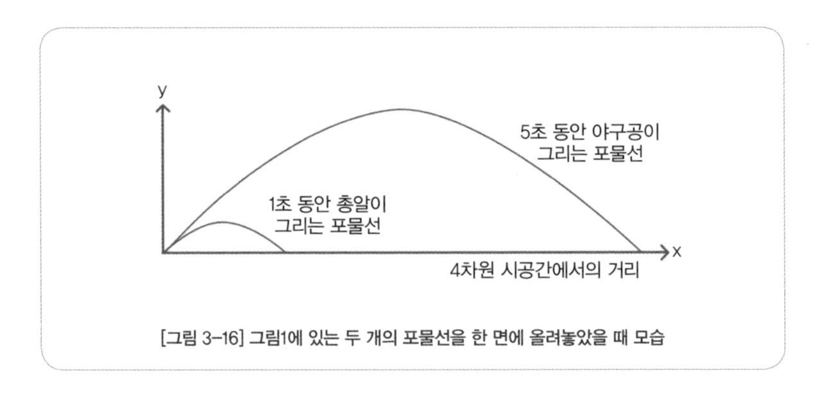

[그림 3-16] 그림1에 있는 두 개의 포물선을 한 면에 올려놓았을 때 모습

참고로 공을 수직으로 하늘 위로 던지면 제자리에 떨어지겠지. 하지만, 4차원 시공간에서는 제자리에 떨어지는 것이 아니란다. 만약 공이 5초 후에 떨어졌다면, [그림3-16]에서 보듯이, 원래 던졌던 지점보다 5c km(=5×30만=150만km)나 멀리 떨어진 것이라고 보면 된단다.

만약 중력의 크기가 작다면 야구공이나 총알은 더 멀리 날아가고, 따라서 곡률은 적어지겠지. 일반상대성이론에서는 중력의 크

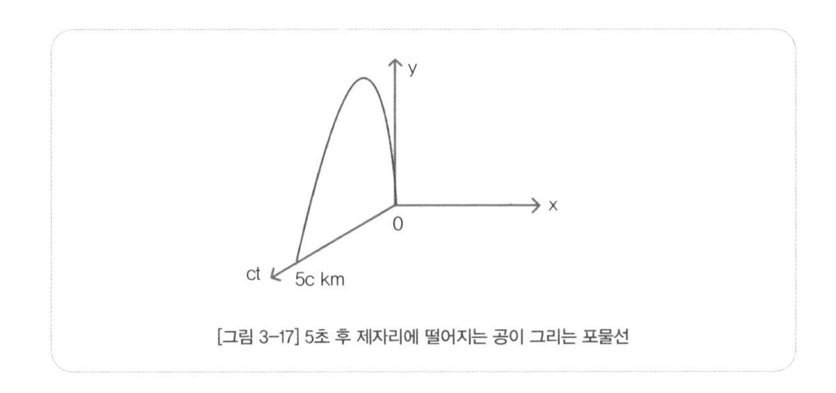

[그림 3-17] 5초 후 제자리에 떨어지는 공이 그리는 포물선

기가 시공간이 휘어진 정도(시공간의 곡률)를 결정한다고 이야기한다. 그리고 빛도 공과 마찬가지로 휘어진 공간을 가기 때문에, 중력을 받으면 빛도 휘어져 간단다. 하지만 속도가 너무 빨라 휘어진 정도가 너무 적어서 직선으로 가는 것처럼 보일 뿐이지. 그리고 빛은 가장 짧은 시간이 걸리는 경로로 지나가기 때문에, 빛이 휘어져 가는 경로가 직선이다는 것이란다.(앞서 말한 페르마의 원리를 생각해 보렴.) 그럼 지금까지의 이야기를 요약해 보자.

(1) 중력은 힘이 아니다.

(2) 모든 관찰자에게는 같은 물리 법칙이 성립한다.(갈릴레이의 상대성원리)

(3) 중력은 힘이 아니고, 모든 관찰자에게 같은 물리 법칙이 성립하려면, 중력이 없는 곳에서 직선 운동을 하는 공은 중력이 있는 곳에서도 직선 운동을 해야 한다.

(4) 직선 운동을 해야 하는 공이 포물선 운동을 하는 것처럼 보이는 것은 시공간이 휘어져 있기 때문이다.

질량으로 인해 휘어진 4차원 공간을 직접 눈으로 보는 것은 어렵지만, 수학적으로 표현하는 것은 가능하단다. 아인슈타인의 일반상대성이론이 바로 휘어진 4차원 공간을 수식으로 표현하고 있단다.

결국, 일반상대성이론에서는 중력이 있는 시공간에서나 중력이 없는 시공간에서나 똑같은 물리 법칙이 성립(예를 들면, 중력이 있거나 중력이 없거나 앞으로 던진 공은 직선운동을 한다)하는데, 다만 중력이 있는 시공간에서는 시공간이 휘어져 있기 때문에 다르게 보일 뿐이라는 것이야.

이 이야기를 다르게 표현해보면 하나의 물리 법칙이 모든 시공간에 똑같이 적용되려면, 중력을 받는 시공간(즉, 질량 주변의 시공간)은 휘어져야 한다고도 말할 수도 있겠지. 달리 표현하면 '아인슈타인의 상대성이론은 운동 법칙의 절대성을 고수하기 위해 시공간에 상대성을 부여했다.'는 이야기가 되지.

3-4

등가원리와 일반상대성이론

'중력이 있는 공간은 휘어져 있다'는 것이 일반상대성이론의 결론인가요?

사실 그렇단다. 앞에서 중력에 대해 이야기를 하다 보니 아인슈타인의 일반상대성이론 결론을 바로 이야기했는데, 이번 글에서는 그렇게 된 과정을 차례대로 따라 가보자꾸나.

아인슈타인은 일반상대성이론에서 '가속 운동을 하는 공간'에서의 운동 법칙(물리 법칙)에 대해 이야기하려고 했지. 그런데 아인슈타인은 '가속 운동을 하는 공간'과 '중력을 받는 공간'은 구분할 수 없다고 생각했단다. 무슨 말인지 쉽게 이해하기 위해 사고실험을 하나 해 보자.

무중력 공간에 밀폐된 엘리베이터가 하나 있다. 엘리베이터 속에는 동수가 사과를 들고 서 있다. 동수가 들고 있는 사과를 손에

[그림 3-18] 무중력 공간의 엘리베이터에서 갑자기 사과가 바닥으로 떨어지는 이유는?

서 놓으니 사과가 갑자기 엘리베이터 바닥에 떨어졌다. 자, 이런 상황에서 질문을 하나 해보자.

|질문| 밀폐된 엘리베이터 속에 있는 동수는, 사과가 엘리베이터 바닥에 떨어진 이유가 무엇이라고 생각할까?

(1) 엘리베이터가 갑자기 위로 가속되어 올라가기 때문에, 사과의 관성력 때문에 바닥에 떨어졌다.

(2) 엘리베이터 바닥 아래쪽에서 엄청난 질량의 별이 갑자기 나타나, 별의 중력이 사과를 바닥에 떨어지게 했다.

(3) (1)번과 (2)번 모두 다 옳다.

답은 (3)번일 것 같아요. 엘리베이터가 갑자기 올라가더라도 사과는 바닥에 떨어질 것 같고, 엘리베이터 바닥 아래에서 중력이 생겨도 사과는 바닥에 떨어질 것 같으니까요.

그래. 네 말이 옳다. 뉴턴이라면, (1)번의 관성력과 (2)번의 중력은 서로 다른 힘이라고 생각했지만, 아인슈타인은 이 두 가지 겉보기 힘을 구별할 수 없다고 생각했지. 즉, 사과가 바닥에 떨어지는 이유는 엘리베이터가 위로 가속되거나 중력이 아래로 잡아당기는 경우 모두 성립되고, 밀폐된 엘리베이터 안에 있는 사람은 (1)번과 (2)번을 절대로 구분할 수 없다는 것이지.

이와 같이 '관성력과 중력을 구분할 수 없다.'는 것을 '등가원리

principle of equivalence'라고 부른단다. 등가等價라는 말은 '같은等 값價'이란 뜻이다. 즉, '관성력과 중력은 같은 값이다.'는 뜻이지. 그런데 이 등가원리를 적용하면, 아래에서 중력을 받는 엘리베이터 안의 물리 법칙과, 위로 가속되고 있는 엘리베이터 안의 물리 법칙은 같다는 것이지.

이 말의 뜻을 정확하게 이해하기 위해 앞에서 이야기한 갈릴레이의 상대성원리를 이야기할 때 했던 글을 인용해보자.

> **정지하고 있는 배 안**이나 **일정한 속도로 움직이는 배 안**이나, 그 안에서 일어나는 일(파리와 나비가 날아다니는 일, 물방울이 떨어지는 일, 친구에게 물건을 던지는 일)에 대한 물리 법칙이 똑같다는 이야기이지. 좀 더 간단하게 말하면, **정지하고 있는 배 안**에서 당구를 치거나, **움직이고 있는 배 안**에서 당구를 치거나, 당구공에 똑 같은 힘을 주면 똑같은 운동을 한다는 것이지.

등가원리도 마찬가지야. 위의 이야기에 대입하면 다음과 같이 말할 수 있지.

> **아래에서 중력을 받는 엘리베이터 안**이나 **위로 가속되고 있는 엘리베이터 안**이나, 그 안에서 일어나는 일(파리와 나비가 날아다니는 일, 물방울이 떨어지는 일, 친구에게 물건을 던지는 일)에 대한 물리 법칙이 똑같다는 이야기이지.
> 좀 더 간단히 말하면, **아래에서 중력을 받는 엘리베이터 안**에서 당구를 치거나, **위로 가속되고 있는 엘리베이터 안**에서 당구를 치거나, 당구공에 똑 같은 힘을 주면 똑같은 운동을 한다는 것이지.

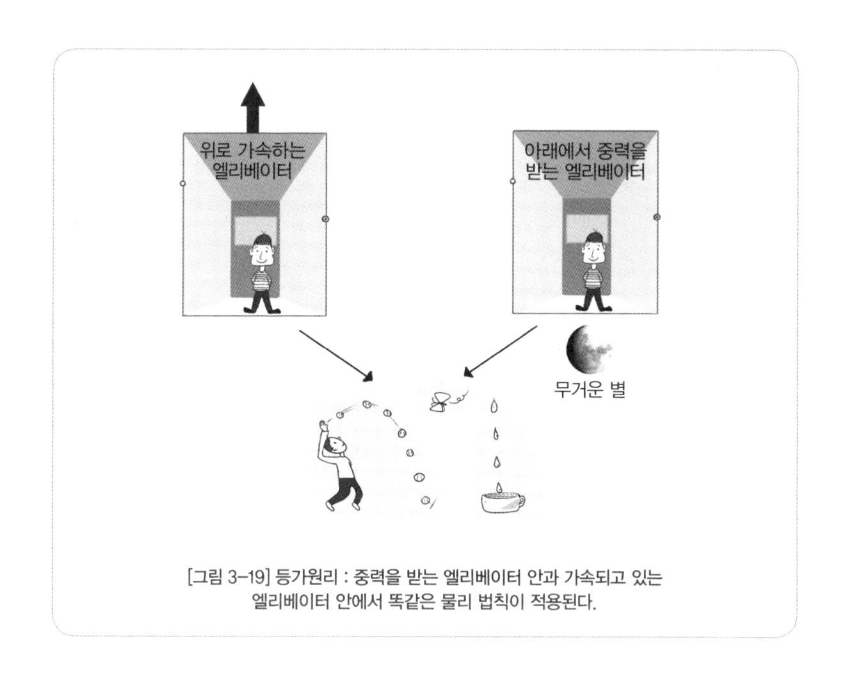

[그림 3-19] 등가원리 : 중력을 받는 엘리베이터 안과 가속되고 있는 엘리베이터 안에서 똑같은 물리 법칙이 적용된다.

특수상대성이론이 '광속 불변의 법칙'에서 탄생되었다면, 일반상대성이론은 '등가원리'에서 탄생되었단다. 나중에 아인슈타인은 등가원리를 생각해내었을 때, "일생에 가장 행복했었던 생각the happiest thought of my life이었다."고 이야기했지. 아인슈타인이 가장 행복해 했었던 등가원리를 생각한 계기는 아이러니하게도 자살하려고 건물에서 뛰어 내린 사람의 기사를 신문에서 보았기 때문이란다. 이 사람은 기적적으로 살아났는데, 신문 기자가 떨어질 때 어떤 느낌이었는지 물어보자 그 사람은 아무런 느낌이 없었다고 대답하였지. 즉, 그 사람은 떨어지는 동안 무중력을 경험한 것이지. 이 이야기를 듣고 아인슈타인은 등가원리를 생각해내었다고 한다.

물론 등가원리가 성립하려면 하나의 전제가 있다. 즉, 중력이 미치는 공간의 중력 가속도의 크기가, 가속하는 공간의 가속도와 동일해야 하겠지.

쉽게 말하면 중력 가속도가 $9.8m/s^2$인 지구는 $9.8m/s^2$로 가속하는 로켓 안과 똑같은 물리 법칙이 적용되지. 즉, 우주 공간에서 $9.8m/s^2$로 가속하는 로켓 안이라면 지금 자신이 지구 표면에 있는지, $9.8m/s^2$로 가속하는 로켓 속에 있는지 구분을 할 수 없다는 이야기란다.

또, 달 표면의 중력가속도는 $1.63m/s^2$(지구의 1/6)이 되기 때문에 $1.63m/s^2$로 가속하는 로켓 내에서는 달의 표면에 정지해 있는 것인지, $1.63m/s^2$로 가속하는 로켓 속에 있는 것인지 구분을 할

[그림 3-20] 등가원리 : 중력 가속도(g)가 $9.8m/s^2$인 지구는 가속도(a)가 $9.8m/s^2$로 운동하는 로켓 안과 똑같은 물리 법칙이 적용된다.

수 없다는 이야기지.

TV를 보면 우주인이 우주 정거장에서 생활하는 모습이 나오는데, 음식이 공중에 날아다니고 공중에 뜬 채로 음식을 먹는 것을 보았을 거야. 만약 그 우주 정거장이 $9.8m/s^2$로 가속한다면, 지구와 똑같은 중력을 느낄 수 있을 테고, 지구에서 생활하듯이 식탁에 앉아 식사할 수 있겠지.

[그림 3-21] 무중력 상태의 우주정거장 내부. 만약 우주 정거장이 $9.8m/s^2$로 가속한다면, 지구와 똑같은 중력을 느낄 수 있다.

아인슈타인은 등가원리를 이렇게 요약하였다.

“균일한 중력장 아래서 기술되는 물리 법칙은, 그 중력장에 해당하는 가속도 운동을 하는 기준계에서 기술되는 물리 법칙과 동일하다.”

그럼 '중력을 받는 공간과 가속하는 공간에서는 똑같은 물리 법칙이 성립된다'는 등가원리에서 '중력이 있는 공간은 휘어져 있다'는 일반상대성이론의 결론이 어떻게 나온 것인가요?

무중력 공간에서 밀폐된 엘리베이터에 동수가 타고 있다. 그런데 이 엘리베이터 벽에는 구멍이 하나 있는데, 이곳에서 빛이 들어왔다고 하자. 만약 엘리베이터가 정지해 있다면, 동수가 볼 때

[그림 3-22] 정지한 엘리베이터 안에서 구멍으로 들어온 빛은 수평으로 지나간다.

이 빛은 수평으로 지나가겠지. 하지만 엘리베이터가 위로 빠르게 가속되고 있다면, 동수가 볼 때 이 빛은 직선으로 보일까? 아래 그림은 엘리베이터 밖의 정수가 위로 가속하는 엘리베이터를 볼 때의 모습이란다. 엘리베이터 안으로 들어온 빛은 수평으로 지나고, 1초와 2초 뒤에 엘리베이터 위치는 위로 올라가고 있지. 이때 엘리베이터 안의 동수가 빛을 보면 빛이 어떻게 보일까? 동수 관점에서는 왼쪽 벽을 통해 들어온 빛이 2초 후에는 오른 쪽 벽 아래쪽에 도달하니까, 빛이 아래 쪽으로 휘어져 가는 것으로 보이겠지.([그림 3-24] 참조) 이 이야기를 일반화하면, '가속 운동

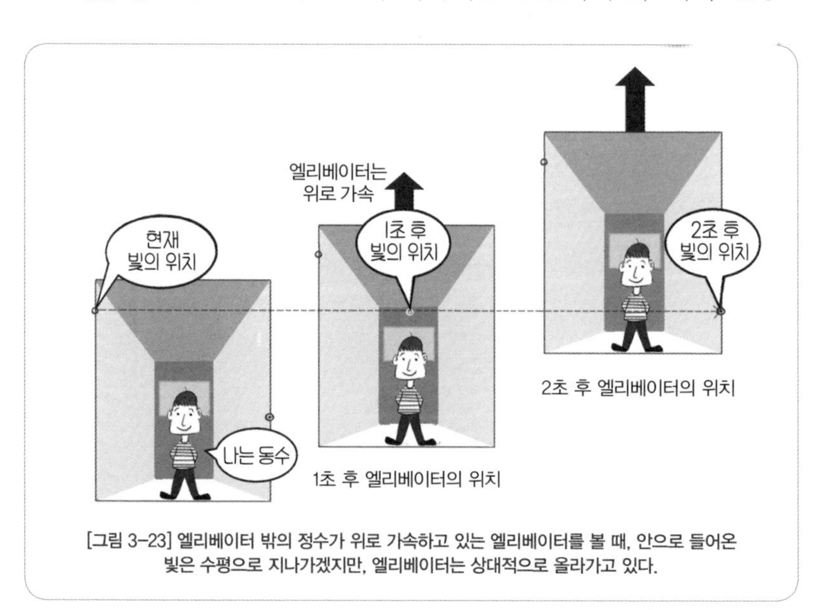

[그림 3-23] 엘리베이터 밖의 정수가 위로 가속하고 있는 엘리베이터를 볼 때, 안으로 들어온 빛은 수평으로 지나가겠지만, 엘리베이터는 상대적으로 올라가고 있다.

을 하는 공간에서는 빛이 휘어져 간다'고 할 수 있지.

[그림 3-24] 위로 가속하고 있는 엘리베이터 안의 동수는, 빛이 아래쪽으로 휘어가는 것으로 보인다.

이번에는 엘리베이터가 위로 가속되는 대신 엘리베이터 아래로부터 중력을 받고 있다고 해보자. 등가원리에 따르면 중력을 받는 엘리베이터 안은 가속되고 있는 엘리베이터와 똑같은 운동 법칙이 성립하니까, 벽에서 들어온 빛은 똑같이 휘어서 갈 것이라고 아인슈타인은 생각했지([그림3-25] 참조). 이처럼 "중력을 받고 있는 공간(엘리베이터 안)에서 빛이 직진하지 않고, 휘어져 간다."는 사실로부터 아인슈타인은 "중력을 받는 공간은 휘어져 있다."는 생각을 하게 된 거야. 왜냐하면 '빛은 두 점 간의 가장 짧은 경로를 지나가고, 그

[그림 3-25] 위로 가속하는 엘리베이터와 아래로부터 중력이 미치는 엘리베이터는 등가원리로 같은 운동 법칙이 성립하므로, 중력을 받는 엘리베이터도 빛이 아래로 휘어져 보인다.

경로는 직선이다.'고 생각했기 때문이지. 따라서 '직선으로만 가는 빛이 휘어졌다.'는 사실은 '빛이 지나가는 공간이 휘어졌다.'는 뜻이 되지. 이상의 이야기를 정리해보면 다음과 같다.

(1) 위로 가속하는 엘리베이터 안에서는 수평으로 지나가는 빛은 휘어져 보인다.

(2) 가속하는 엘리베이터와 중력이 미치는 엘리베이터에는 같은 물리 법칙이 적용된다.(등가원리)

(3) 등가원리를 적용하면, 중력이 미치는 엘리베이터 안에서도 빛은 휘어져 보일 것이다.

(4) 빛은 항상 직진하기 때문에, 빛이 휘어지는 것이 아니라 공간이 휘어진 것이다.

이후 아인슈타인은 질량을 가지는 물체 주변 공간이 휘어지는 것을 수학적으로 표현하였고, 그것이 바로 일반상대성이론의 중력장 방정식이지.

$$R_{\mu\nu} - \frac{1}{2}R\,g_{\mu\nu} = \frac{8\pi G}{c^4}T_{\mu\nu}$$

중력에 따른 4차원 시공간의 곡률을 서술하는 일반상대성이론의 중력장 방정식

앞에서도 이야기했듯이 휘어진 4차원의 시공간을 수식으로 표현하는 것이 매우 어려웠기 때문에 8년이라는 세월이 걸려서야

중력장 방정식을 완성할 수 있었어.

아인슈타인이 이 방정식을 만들 때 생각한 것은 아니지만, 나중에 이 방정식은 우주의 모습을 서술하는데 사용되었단다. 그래서 어떤 사람은 이 방정식을 '신의 방정식'이라고 부르기도 했단다. 신이 우주를 창조할 때 이 방정식을 사용하였다는 뜻이지.

그럼 결국 아인슈타인의 일반상대성이론은, 공간이 얼마나 휘어지는지를 나타내는 중력장 방정식으로 끝이 나는군요. 그런데 중력장 방정식은 생각보다 아주 간단하네요.

이 방정식은 얼핏 보면 간단하게 보이지만, 식에서 첨자가 붙어있는 R이나 T 등은 텐서tenson라고 하는 물리량이란다. 텐서는 공대에나 가야 배우는데, 간단히 설명하면 벡터vector의 확장된 개념이란다. 평면 벡터는 (x,y)로 정의되는데, 이때 구성 요소는 2개이고, 공간 벡터 (x,y,z)의 구성 요소는 3개인데, 텐서는 행렬식 형태나 그보다 복잡한 형태로 이루어져 있단다. 가령, 4차원 시공간의 중력장 방정식에 사용하는 텐서는 256(=4×4×4×4)개의 구성 요소로 이루어져 있단다.

중력장 방정식의 왼쪽 항은 특정한 장소에서의 공간의 곡률(휘어진 정도)을 나타내고, 오른쪽 항은 그 장소에서의 질량과 에너지의 밀도, 압력, 변형력 등을 나타낸단다. 이런 이야기를 네가 이해하길 바라는 것은 아니고 다만 위의 식이 매우 복잡하다는 것을

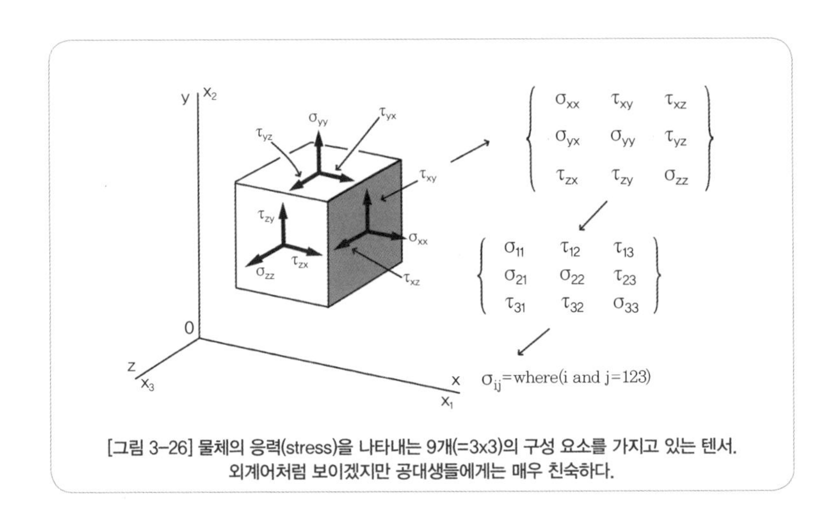

[그림 3-26] 물체의 응력(stress)을 나타내는 9개(=3x3)의 구성 요소를 가지고 있는 텐서. 외계어처럼 보이겠지만 공대생들에게는 매우 친숙하다.

강조하기 위해 하는 이야기란다.

당시, 이렇게 복잡한 중력장 방정식을 이해하는 사람은 거의 없었고, 다만 중력이 있는 곳에서 빛이 휘어지는가가 아인슈타인의 일반상대성이론이 옳은가를 판단하는 중요한 기준이 되었단다. 너도 학교에서 배웠듯이, 뉴턴의 만유인력 법칙은 '질량이 있는 두 물체는 서로 끌어당긴다.'고 하므로 질량이 없는 빛은 다른 물체가 끌어당기지 않겠지. 따라서 빛은 중력장에서 휘어지지 않고 곧바로 직진을 해야 하겠지만, 아인슈타인은 빛도 휘어져 간다고 한 것이지.

이제 아인슈타인은 자신의 이론이 맞다는 것을 증명하려면, 중력이 있는 곳에서 빛이 휘어져 가는 것을 사람들에게 보여주어야 했단다.

3-5

일반상대성이론을 최초로 확인시켜준 휘어진 별빛

일반상대성이론이 증명되려면 빛이 휘어져 가는 것을 사람들에게 보여주어야 한다고 했는데, 실제로 빛이 휘어져 갔나요?

1914년 초에 아인슈타인은 독일의 천문학자이자 베를린 천문대의 연구원이었던 프로인들리히(Freundlich, 1885~1964년)와 함께 지구보다 백만 배나 큰 태양 근처를 지나는 빛의 경로를 측정하여 자신의 이론을 증명하려고 했단다.

아인슈타인은 태양이 없는 밤하늘의 별들의 사진을 찍어 놓고, 태양이 이 별들 옆을 지나갈 때 이 별들의 사진을 찍어 비교해 보면 태양에 의해 빛이 얼마나 휘어졌는지를 알 수 있다고 생각했지. 하지만 태양은 너무 밝아 주변에 있는 별들의 사진을 찍을 수 없기 때문에 달이 태양을 완전히 가리는 일식 때까지 기다려야만 했지.

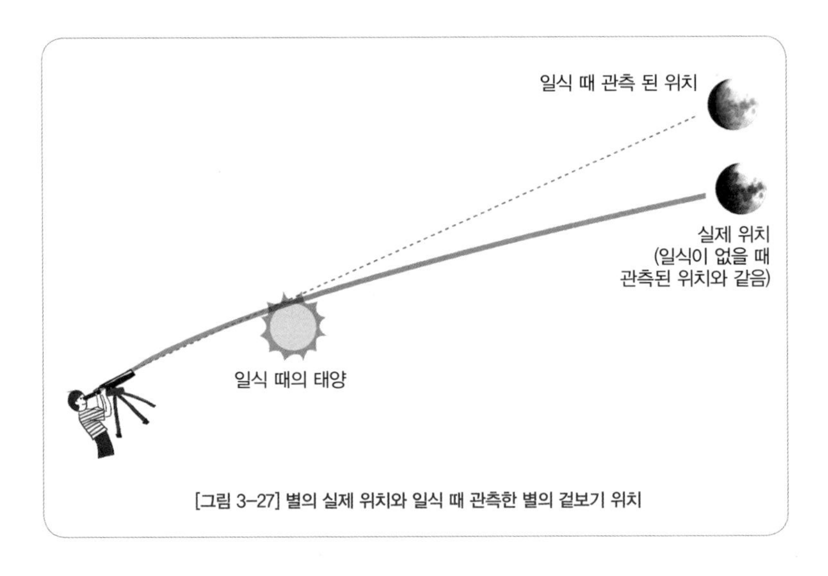

[그림 3-27] 별의 실제 위치와 일식 때 관측한 별의 겉보기 위치

프로인들리히는 1914년 8월 21일에 러시아에서 일어날 일식 때 태양 부근의 별들을 촬영하기 위해 7월 19일 러시아로 출발했다. 그러나 불행히도 7월 28일 1차 세계대전이 터져 그는 간첩 혐의로 러시아의 포로가 되었단다. 이후 포로 교환을 통해 프로인들리히는 독일로 돌아왔지만 관측은 실패했지.

이 사건이 일어난 다음 해인 1915년, 아인슈타인은 일반상대성이론을 발표했지. 하지만 공간이 휘어지고, 빛이 휘어진 공간을 따라 지나간다는 발상에 대해 그리 큰 반응이 없었단다. 더욱이 이론을 증명할 만한 실험을 할 수 없었기 때문에 말 그대로 이론에 불과했지.

아인슈타인과 프로인들리히의 시도가 실패했다면, 누가 성공을 했나요?

1918년 말 독일의 항복으로 1차 세계대전이 끝이 나고, 이듬해 봄에 영국의 천문학자 에딩턴(Eddington, 1882~1944년)이 아인슈타인이 그렇게 고대하던 사진을 찍었단다.

케임브리지 천체연구소 소장이자 퀘이크 교도였던 에딩턴은 종교적인 이유로 군에 입대하기를 거부하여 수용소에 갈 수밖에 없는 입장이 되었단다. 그러자 천문학자였던 프랭크 다이슨이 에딩턴을 군에 보내는 대신 1919년 3월 29일에 있을 일식을 관측하는 임무를 맡기자고 정부에 제안하여 허락을 받았단다.

1919년 3월 8일에 에딩턴과 그의 관측팀은 리버풀을 출발했다. 에딩턴은 만약에 대비하기 위해 관측팀을 두 그룹으로 나누어 한 그룹은 브라질의 소브랄로 향하게 했고 에딩턴이 이끄는 두 번째 그룹은 서부 아프리카의 적도 기아나 해변으로부터 조금 떨어져 있는 프린시페 섬으로 향했단다. 일식이 있던 날, 두 곳 모두의 날씨가 좋지 않았지만 구름이 없는 아주 짧은 순간에 태양 주위의 별들 사진 몇 장을 찍는 데 성공했지.

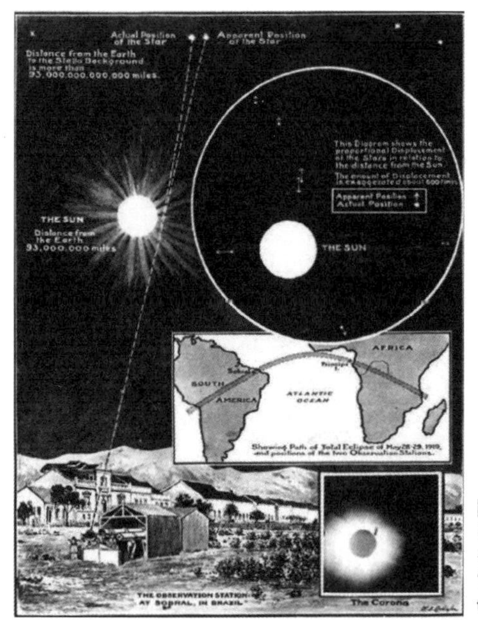

[그림 3-28] 1919년 11월 22일자 런던 뉴스에 실린 기사. 같은 날 뉴욕타임즈에서는 '아인슈타인 이론의 승리(Einstein theory triumphs)'라고 실렸단다.

[그림3-28] 사진은 1919년 11월 22일자 런던뉴스에 실린 기사로, 에딩턴이 일식 때 측정한 내용을 사진으로 잘 설명해 주고 있다. 사진 맨 위에 있는 2개의 별 중 왼쪽은 실제 별의 위치(태양

이 없을 때 보이는 위치)이고 오른쪽은 관찰된 별의 겉보기 위치(태양이 있을 때 보이는 위치)란다.

원 안에 있는 조그마한 화살표는 태양을 중심으로 별의 위치가 바깥쪽으로 이동한 정도를 보여주고 있고, 네모 안의 지도는 일식을 볼 수 있는 지역을 표시한 지도란다. 브라질의 동쪽 해안에 소브랄과, 아프리카의 서쪽 해안에 프린시페 섬이 조그마한 점으로 표시되어 있지.

사진의 맨 아래는 브라질의 소브랄에서 별빛을 카메라에 담는 모습이란다. 그리고 오른쪽 아래의 네모 안은 일식이 일어나는 태양을 찍은 사진이란다.

에딩턴은 영국으로 돌아와 자신이 찍은 사진을 분석하였고, 아인슈타인에게 태양을 스치는 별빛이 2000분의 1도로 휘어서 움직인다고 계산한 값이 맞는다는 사실을 알고는 아인슈타인에게 전보를 보냈지. 아인슈타인은 이 전보를 받고 이렇게 말했다고 전해지지.

> *"그런 거 나는 놀랍지도 않아. 그렇지 않았다면 하느님이 애석해했을 테니까."*

아인슈타인이 일반상대성이론을 발표할 때까지만 하더라도, 지금처럼 세계적으로 유명한 사람은 아니었단다. 유럽의 일부 대학의 일부 학자들에게만 알려진 사람이었지. 그런데 이 사건으로

[그림 3-29] 아인슈타인과 에딩턴의 만남

인해 아인슈타인은 세계적인 인물이 되었고, 상대성이론도 함께 유명해졌지.

그런 배경에는 독일과 영국이 4년이 넘는 피비린내 나는 전쟁을 막 끝내자, 영국의 천문학자들이 적국인 독일의 물리학자 이론을 증명했다는 사실이 사람들의 관심을 끌었고 이런 사실이 전 세계에 퍼져 나갔지. 당시 분위기는 과학이 민족주의를 넘어 세계 평화에 공헌할 수 있다는 것이었지.

물론 그때의 이상주의는 헛된 환상일 뿐이라는 것이 나중에 밝혀졌지. 1920년부터 아인슈타인은 유대인 차별 운동의 표적이 되었고, 프랑스에서는 아인슈타인이 독일인이란 이유로 비난을 받았지. 결국, 아인슈타인은 독일시민권을 박탈당하고 독일에서 쫓겨났고 히틀러는 다시 유럽에 전쟁을 가져왔단다.

에딩턴이 일식을 관측하러 갔을 때, 빛이 휘어질 거라는 아인슈타인의 일반상대성이론을 믿었나요?

그럼. 만약 일반상대성이론을 믿지 않았다면, 일식만 관측하고 돌아왔겠지. 사실 에딩턴은 어릴 때부터 신동으로 불릴 정도로 뛰어난 인재였단다. 1차 세계대전 중 아인슈타인의 일반상대성이론을 처음 보고는 그걸 이해하기 위해 텐서를 비롯한 비-유클리드 기하학을 공부하였고, 이후 런던 물리학회에 상대성이론을 해설한 보고서를 제출하였단다.

에딩턴이 아인슈타인의 이론을 실험으로 증명한 후 기자가 찾아와 인터뷰 하면서, "상대성이론은 이 세상에서 단 3명밖에 이해하지 못한다고 하던데요?"라고 물었단다. 그만큼 상대성이론이 어렵다는 이야기였지. 이때 에딩턴은 "음… 저하고 아인슈타인 둘뿐일 텐데… 세 번째 사람은 누구지요?"하고 진지하게 되물었다는 일화가 전해진단다.

공간이 휘어지면 삼각형의 내각의 합이 180도가 아니고, 유클리드의 평행선 공리가 성립하지 않는다고 앞에서 이야기했는데, 왜 그런가요?

먼저 유클리드라는 사람에 대해 조금 이야기하자. 유클리드(Euclid, 기원전 330~275년)는 고대 그리스 수학자로, 이집트 지중해 연안에 위치하는 알렉산드리아에서 주로 활동하였는데, 당시 왕이었던 프톨레마이오스가 쉽게 공부할 수 있는 방법을 물었을 때, "공부에는 왕도가 없습니다."는 이야기로 유명한 사람이란다. 그가 만든 『기하학 원론』이란 책에는 네가 초등학교나 중학교 때 배운 "삼각형 내각의 합은 180도이다." 혹은 "직선 위에 있지 않은 한 점을 지나면서 그 직선에 평행인 직선은 단 1개이다."와 같은 말들이 나온단다.

유클리드가 이야기한 이런 공리가 우리가 사는 우주에서 성립하지 않는 이유는 휘어지지 않은 공간이 이 우주에 존재하지 않기 때문이지.(휘어지지 않은 공간을 '유클리드 공간'이라 부른단다.) 중력을 받는 공간이 휘어진다면, 우주 공간 전체는 휘어져 있단다. 왜냐하면, 뉴턴의 만유인력 법칙에 따르면 '중력의 크기는 거리의 제곱에 반비례한다.'고 하는데, 거리가 무한대에 가까워지면, 중력은 0에 가까워질 뿐 0이 되지는 않기 때문이지. 즉, 중력의 영향은 우주 끝까지 미치기 때문이지.

보통 우리는 우주 공간이 무중력 상태라고 생각하지만, 사실은 중력이 아주 작은 상태일 뿐 완전한 무중력 상태의 공간은 어디에도 존재하지 않는단다. 그렇다면 중력의 영향권 내에 있는 우주 전체가 휘어진 4차원 시공간이라고 할 수 있지.(이처럼 휘어진 공간을 '비-유클리드 공간'이라 부른단다)

휘어진 4차원 시공간은 수식으로만 표현할 수 있지만 눈으로 볼 수는 없단다. 만약 4차원 대신, 2차원으로 표현하자면 지구의 표면과 같다고 할 수 있지. 여기에서 '지구 표면'이란 지구 안쪽이나 지구 바깥쪽(대기권)은 존재하지 않고, 지구 표면만 존재하는 세계를 말한단다. 먼저 '휘어진 2차원 공간(지구 표면)에서 두 점을 잇는 직선은 몇 개일까?'라는 질문에 대해 답해 보자.

지금까지 우리가 알고 있는 답은 하나였지. 하지만 지구본에서 북극과 남극을 잇는 직선이 몇 개인가 생각해보자. 직선의 정의가 '두 점 간을 잇는 가장 짧은 경로이다.'는 말을 되새기면, 북극에서 남극으로 가는 직선(경선)의 수는 무한대가 되겠지. 북극에서는 어떤 방향으로 가더라도 남쪽이 되고, 남쪽으로 똑바로 가면 남극에 도달하겠지. 즉, '두 점을 잇는 직선의 개수는 여러 개가 있다.'가 되지.

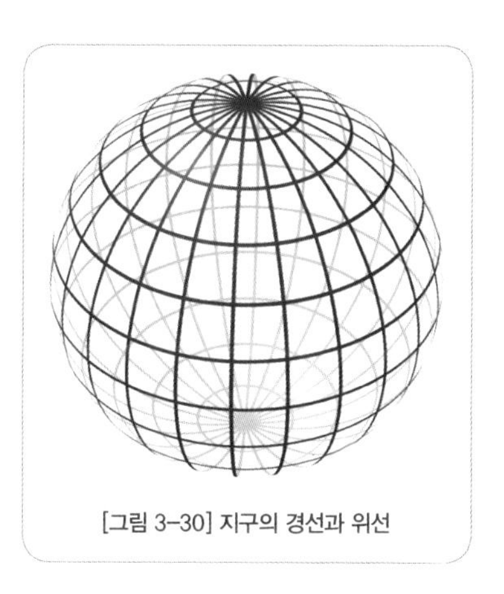
[그림 3-30] 지구의 경선과 위선

또 이런 휘어진 면에서는 삼각형 내각의 합이 180도가 되기란 불가능하단다. 왜 그런지 지구본을 다시 한번 보자꾸나.

[그림3-31]과 같이 지구를 똑같이 8등분을 한 후, 각각의 가장자리 선을 살펴보자. 3개의 직선(네 눈에는 곡선으로 보이겠지. 하지만 휘어진 면에서는 직선이란다)이 삼각형을 이루고 있지. 이때 삼각형 모서리의 각도를 보면 모두 직각(90도)을 이루고 있지. 그러면 이 삼각형의 내각의 합은 90도×3=270도가 되지. 지구 표면에서는 아무리 삼각형을 만들어도 180도가 되는 곳은 없단다.

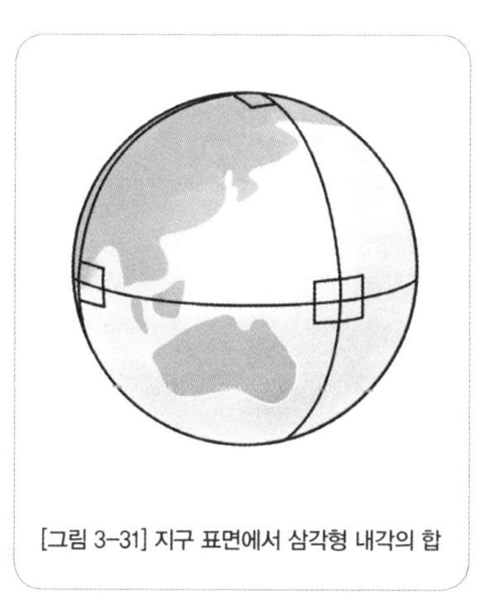
[그림 3-31] 지구 표면에서 삼각형 내각의 합

‘직선 밖의 한 점을 지나면서, 그 직선에 평행인 직선은 단 1개 존재한다.’는 유클리드의 평행선 공리도 휘어진 곡면에서는 성립하지 않는단다. 평행선이란 정의가 ‘무한히 가도 만나지 않는 두 직선’을 말하는데, 위의 지구 그림을 보면, 북극과 남극을 잇는 하나의 경선과 다른 경선들과는 적도에서는 서로 평행이지만 북극과 남극에서 만나게 되지.([그림 3-32] 참조)

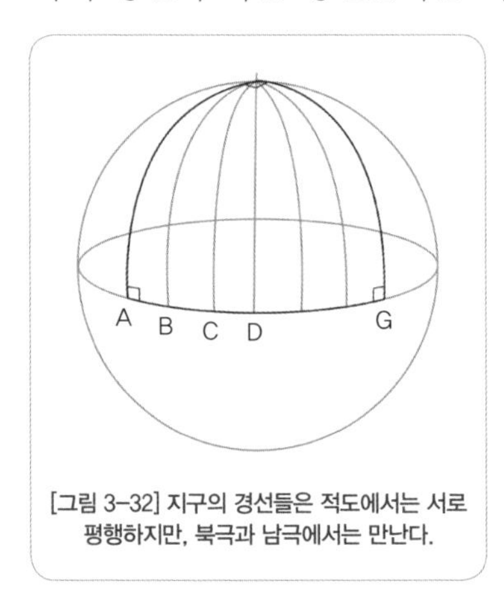

[그림 3-32] 지구의 경선들은 적도에서는 서로 평행하지만, 북극과 남극에서는 만난다.

따라서 휘어진 곡면에서는 유클리드 평행선 공리가 성립하지 않는단다. 이와 같이 지금까지 우리가 알고 있는 상식으로는 말도 되지 않는 기하학을 ‘비-유클리드 기하학’이라고 부르는데, 비-유클리드 기하학이란 말은 바로 역사상 가장 위대한 수학자인 가우스(Gauss, 1777~1855년)가 붙인 이름이다. 이런 비-유클리드 기하학은 아인슈타인이 상대성원리를 만들기 이전부터 나왔고, 아인슈타인이 일반상대성이론을 만드는데 기초가 되었단다. 아인슈타인은 이런 말을 했지.

“만일 내가 그 기하학(비-유클리드 기하학)을 몰랐다면, 나는 결코 상대성이론을 만들어 낼 수 없었을 것이다.”

우리가 살고 있는 우주는 유클리드 기하학이 아닌 비-유클리드 기하학이 지배하고 있다는 이야기네요. 그럼, 비-유클리드 기하학을 만든 사람들에 대해 조금만 이야기해 주세요.

그래. 비-유클리드 기하학이 처음 나올 당시에는 완전무시당했단다. 비-유클리드 기하학의 창시자 중 한 명이라 할 수 있는 러시아의 수학자인 로바체프스키(Lobachevskii, 1792~1856)는 23세에 대학교수를 할 정도 수학에 뛰어난 인물이었지. 그가 1826년 카잔 수학-물리학 협회에서 처음으로 비-유클리드 기하학에 대해 발표하려고 할 때 많은 사람이 숨을 죽이고 듣고 있었단다. 하지만 그가

"직선 위에 있지 않는 한 점을 지나면서 그 직선에 평행인 직선은 2개 이상 존재한다."

고 이야기했을 때 참석했던 모든 사람들이 웃었단다.

로바체프스키와 마찬가지로 비-유클리드 기하학을 연구했던 헝가리의 수학자 보여이(Bolyai, 1802~1860년)는 자신이 발견한 것을, 아버지의 친구이자 비-유클리드 기하학이란 이름을 만든 가우스에게 편지로 보냈단다. 하지만 가우스는 "자신도 이미 알고 있는데 세상의 평가가 시끄러워질 것 같아 발표하지 않았다."는 답장이 돌아와 몹시 실망하였단다. 실제로 가우스는 비-유클리드

기하학을 연구했으나, 당시 함께 독일에 살았던 역사상 가장 위대한 철학자인 칸트(Kant, 1724~1804년)에게 비판받을까 봐 전혀 말하지 않았지.

칸트는 선천적인 순수이성만으로 만든 지식은 진리이며, 수학이 바로 그런 지식이라고 이야기했지. 예를 들어, 유클리드의 평행선 공리는 절대 진리라는 것이지. 물론 지금도 대부분의 사람은 그렇게 믿고 있지만 아인슈타인 일반상대성이론을 따르면 더 이상 칸트의 이야기는 사실이 아니지.

비-유클리드 기하학에서 가장 많은 업적을 남긴 사람은 독일의 수학자 리만(Riemann, 1826~1866년)이란다. 아인슈타인은 리만 기하학을 일반상대성이론에서 이용하였지. 리만은 가우스의 제자로, 가우스가 교수로 있던 독일 괴팅겐 대학에서 수학 강사로 들어갔지. 리만은 비-유클리드 기하학에 대해 강의를 했지만, 가우스는 모르는 척 했단다.

비-유클리드 기하학이 나온 지 약 60년 뒤, 역사상 가장 위대한 물리학자인 아인슈타인은 우주가 평편하지 않고 중력에 의해서 휘어져 있음을 비-유클리드 기하학에 나오는 수식으로 표현하였지. 한때 비-유클리드 기하학이 비웃음을 당했지만, 아인슈타인으로 인해 이제 비-유클리드 기하학 시대가 온 것이지.

마지막으로 덧붙이고 싶은 말은 만약 유클리드가 어린 왕자가 살았던 아주 작은 별에 태어났더라면, 유클리드 기하학보다는 비-유클리드 기하학이 먼저 탄생했을 것이 분명했겠지.

일반상대성이론의 결론은 중력이 있는 공간과 가속하는 공간은 휘어진다는 거네요. 그럼 이런 공간을 그림으로 볼 수 있나요?

4차원 시공간이 휘어지는 모습을 그림으로 표현하는 것은 불가능하단다. 하지만 [그림3-33]처럼 2차원 공간으로 표현한다면 가능하겠지.

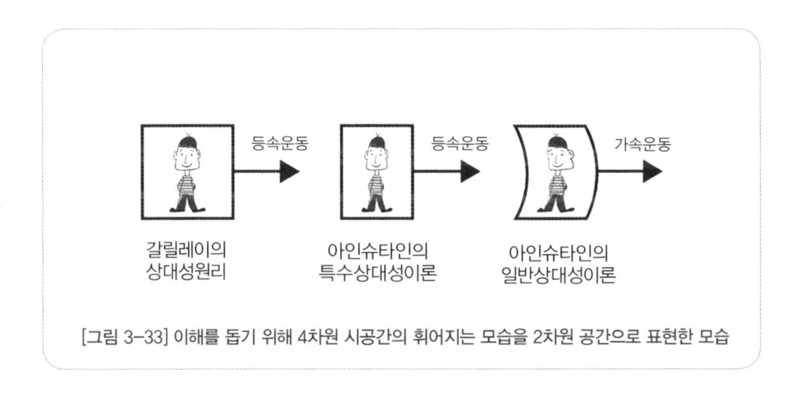

[그림 3-33] 이해를 돕기 위해 4차원 시공간의 휘어지는 모습을 2차원 공간으로 표현한 모습

위 첫번째 그림은 갈릴레이나 유클리드가 생각한 공간이란다. 등속운동을 하는 공간(혹은 물체)은 정지했을 때와 똑같은 형태를 유지하고 있지. 두번째와 세번째 그림은 아인슈타인이 생각한 공간이란다. 특수상대성이론에 따르면, 등속운동을 하는 공간은 운동하는 방향으로 길이의 축소가 일어나지. 또 일반상대성이론에 따르면, 가속운동을 하는 공간은 휘어지게 된다는 것이지.

3-6

중력장과 시간의 지연

특수상대성이론에서는 '등속 운동을 하는 공간의 길이는 짧아진다'고 말하고, 일반상대성이론에서는 '가속 운동을 하는 공간(혹은 중력이 있는 공간)은 휘어진다'고 말하고 있네요. 그렇다면 특수상대성이론에서는 '등속 운동을 하는 물체의 시간이 느리게 간다'는 말을 하는 데 그럼 가속 운동을 하는 공간(혹은 중력이 있는 공간)에서 시간은 어떻게 변하나요?

일반적으로 정확하게 시간을 재기 위해서는 원자에서 나오는 전자기파의 진동수를 이용한단다. 현재 네가 사용하는 휴대폰은 GPS 위성에서 보내주는 시간을 시용하는데, GPS 위성에서 사용하는 시계는 세슘Cesium(원소 기호 Cs, 원자번호 55) 원자시계를 사용하지. 세슘 원자에서 나오는 전자기파는 1초에 약 92억 번 진동하는데, 이렇게 진동하는 시간을 1초로 삼기 때문에 아주 정밀하단다.

그러면 중력이 있는 공간의 시간은 어떤지 알아보기 위해 사고실험을 해보자.

지구에서 사는 정수가 세슘 원자시계를 가지고 있고, 지구에서 멀리 떨어진 무중력 공간에 사는 동수도 세슘 원자시계를 가지고 있다. 지구의 정수가 가진 세슘 원자시게는 1초에 92어 번 진동하는 전자기파를 내어놓겠지. 그리고 지구에서 멀리 떨어진 무중력 공간에서 동수가 정수의 시계에서 나오는 전자기파의 진동수를 보면서 자신의 시계와 비교해 본다고 가정해보자.

지구에서 출발하는 전자기파가 지구의 중력장을 벗어나려면 에너지가 감소한단다. 예를 들어, 연료를 가득 싣고 지구에서 발사된 로켓이 지구의 중력을 벗어나려면 연료를 소진하는 것과 같은 원리이지.

지구의 중력장을 벗어난 전자기파는 에너지가 감소하는데, 전자기파의 에너지가 감소한다는 이야기는 전자기파의 진동수가 감소하는 것을 의미하지.('전자기파의 에너지는 전자기파의 진동수와 비례한다'는 이야기는 앞에서 맥스웰에 대해 이야기를 할 때 이미 나왔었지.) 따라서 무중력 공간의 동수가 보면, 정수 시계의 진동수는 자신의 시계의 진동수보다 적고, 시계는 느리게 간다고 판단하겠지.

예를 들어, 정수의 시계는 1초에 92억 번 진동하지만, 동수가

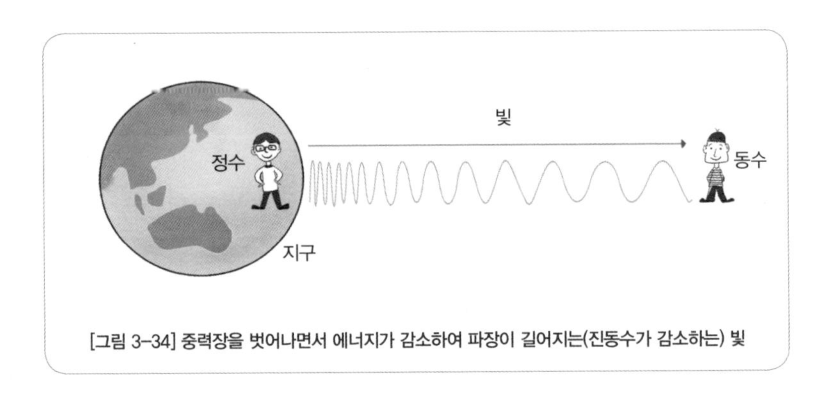

[그림 3-34] 중력장을 벗어나면서 에너지가 감소하여 파장이 길어지는(진동수가 감소하는) 빛

볼 때에는 1초에 50억 번 진동하는 것으로 보이겠지.(실제로, 지구의 중력 정도로 이렇게 큰 차이가 나지는 않는단다. 이해를 돕기 위해 과장한 것이다.) 쉽게 말해, 정수가 가지고 있는 괘종시계의 추가 92

번 왕복하는 데, 동수가 볼 때에는 50번 왕복하는 것으로 보인다는 것이지. 즉, 괘종시계의 추가 느리게 움직이고, 나머지 물체도 이와 같이 느리게 움직이는 것으로 보이겠지.

이번에는 반대로 무중력 공간의 동수 시계를 지구의 정수가 보는 경우를 생각해 보자. 동수 시계는 1초에 92억 번 진동하는 전자기파를 발산하겠지. 이 전자기파가 중력이 있는 지구에 도착하면, 중력에 의해 에너지가 증가하겠지. 전자기파의 에너지가 증가한다는 이야기는 전자기파의 진동수가 증가하는 것을 의미하지. 따라서 지구의 정수가 보면, 동수 시계의 진동수가 자신의 시계의 진동수보다 많고, 동수 시계는 자신의 시계보다 빠르게 간다고 판단하겠지.

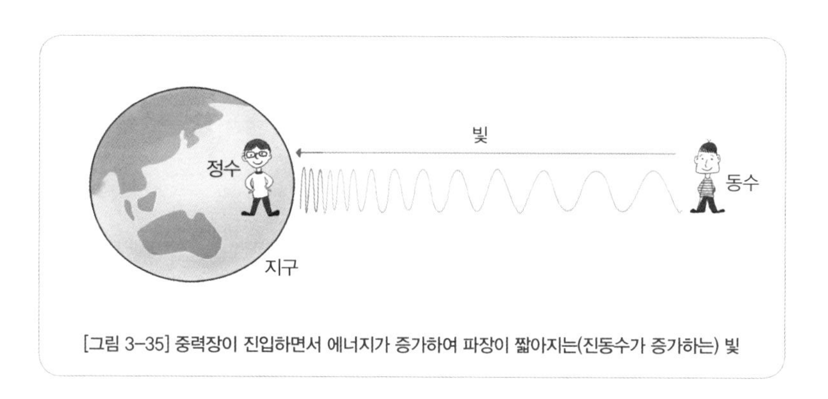

[그림 3-35] 중력장이 진입하면서 에너지가 증가하여 파장이 짧아지는(진동수가 증가하는) 빛

예를 들어, 동수의 시계는 1초에 92억 번 진동하지만, 정수가 볼 때에는 1초에 150억 번 진동하는 것으로 보이겠지. 쉽게 말해, 동수가 가지고 있는 괘종시계의 추가 92번 왕복하는 데, 정수가

볼 때는 150번 왕복하는 것으로 보인다는 것이지. 즉, 괘종시계의 추가 빠르게 움직이고, 나머지 물체도 이와 같이 빠르게 움직이는 것으로 보인단다.

결론적으로 중력이 없거나 약한 공간에서 중력이 강한 공간의 시계를 보면, 항상 시간이 느리게 간다는 것을 알 수 있지.

더 나아가, '중력이 있는 공간에서 시간이 느리게 간다.'는 사실을 등가원리에 적용하면 '가속하는 공간에서 시간이 느리게 간다.'는 결론이 나온단다.

[그림 3-36] 등가원리에 의해, 중력이 있는 공간에서 시간이 느리게 가면, 가속하는 공간에서도 시간이 느리게 간다.

우리가 사용하는 내비게이터나 휴대폰의 GPS 기능도 상대성이론이 없었더라면 나오지 못했다는 이야기를 잡지에서 본 적이 있는데, 내비게이터나 GPS가 상대성이론과 어떤 관계가 있나요?

지구의 중력은 지구에서 멀어질수록 작아지지. 따라서 바다 위보다는 높은 산에서 중력은 더 작겠지. 만약 인공위성처럼 지구에서 몇십 km나 멀리 떨어져 있다면, 중력은 더욱 작아지겠지. 중력이 작아지면 시간이 더 빨리 흐르지.

더 나아가서 아주 정밀하게 시간을 측정할 수 있다면, 내 발 쪽의 시계보다 내 머리 쪽의 시계가 시간이 더 빨리 흐르는 것을 알 수 있겠지. 물론 이러한 시간 차이가 아주 작아 무시하더라도 우리가 살아가는 데 전혀 지장이 없단다. 예를 들어, 해수면과 높이 8천 미터의 에베레스트 산 사이의 시간 차이는 3만5천년 동안에 1초 정도의 차이가 난단다. 하지만 지구에서 멀리 떨어진 인공위성이라면 무시할 수 없는 차이가 난단다.

자동차의 내비게이터나 네가 사용하는 휴대폰은 GPS 위성에서 보내주는 신호로 너의 현재 위치를 지도상에 표시한단다. GPS 위성이 내비게이터에 보내주는 신호에는 신호를 보내는 시간과 GPS 위성의 위치가 들어 있단다. 내비게이터는 위성이 보낸 시간과 자신의 시간의 차이에 빛의 속도를 곱하여 GPS까지의 거리를 구한단다. 예를 들어, [그림3-37] 위성3에서 보내준 시간과 내비게이터의 시간이 0.3초 차이가 난다면(즉, 위성3에서 내비게이터까지 신호가 오는데 0.3초 걸렸다면), 둘 사이의 거리는 0.3초×30만 lm/초=9만km가 되겠지.

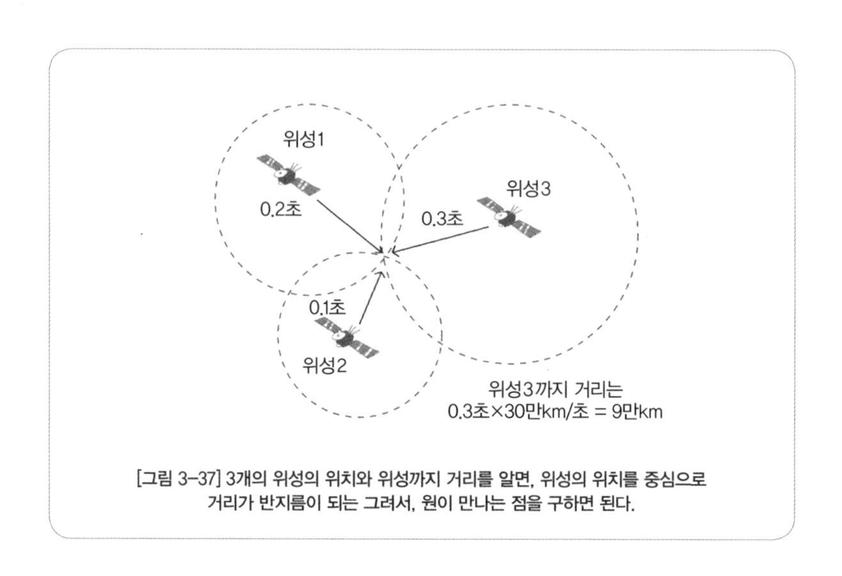

[그림 3-37] 3개의 위성의 위치와 위성까지 거리를 알면, 위성의 위치를 중심으로 거리가 반지름이 되는 그려서, 원이 만나는 점을 구하면 된다.

따라서 위성이 정확한 시간을 보내 주지 않으면 내비게이터나 휴대폰은 자신의 위치를 정확하게 계산할 수 없단다. 그럼 GPS 위성의 시계에 상대성이론이 어떻게 적용되는지 살펴보자.

GPS 위성은 제 자리에 있지 않고 12시간 마다 지구를 한 바퀴 돈단다.(이렇게 빨리 돌지 않으면 지구에 떨어지기 때문이지. 또 더 빨리 돌면 지구의 중력권에서 탈출하게 되지.) 속도를 계산해 보면 초속 4Km가 된단다. 따라서 특수상대성이론(빠르게 움직이는 물체는 시간이 느리게 간다)을 적용하면, 위성에서는 하루에 100만 분의 7.1초 느리게 간단다.

다음으로 GPS 위성은 지상에서 2만km나 떨어져 있단다. 지구의 반지름이 6천7백km인 점을 감안하면 꽤 많이 떨어져 있지. 따

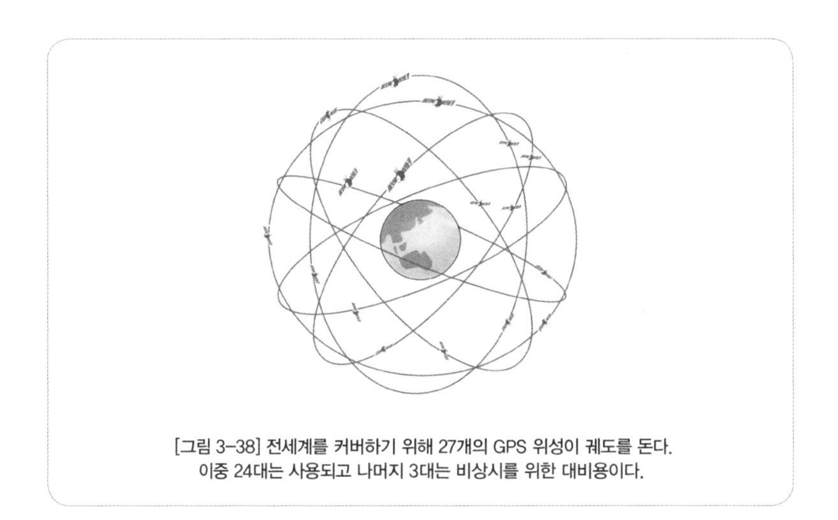

[그림 3-38] 전세계를 커버하기 위해 27개의 GPS 위성이 궤도를 돈다.
이중 24대는 사용되고 나머지 3대는 비상시를 위한 대비용이다.

라서 중력이 아주 약하단다. 일반상대성이론(중력이 약한 곳에서는 시간이 빨리 간다)을 적용하면, 위성에서는 하루에 100만 분의 45.7초 빨리 간단다.

결국 이 두 가지 효과를 모두 고려하면 위성의 시계는 하루에 100만 분의 38.6초 빨리 간단다. 이 시간을 보정해주지 않으면, 자동차의 위치는 30만km/초×38.6/100만 = 11.58km의 오차가 생기게 되지. 하루에 이 정도의 오차가 생기면, 내비게이터를 사용할 수 없게 된다. 만약 아인슈타인이 상대성이론을 만들지 않았다면, 자동차 내비게이터는 없었을 거야.

위의 중력장에서 시간이 느리게 가는 이유를 전자기파의 파장(혹은 진동수)으로 설명하였는데, 특수상대성이론에서 시간이 느리게 가는 이유를 전자기파의 파장으로 설명할 수 있나요?

그럼. 당연하지. 아래의 그림은 특수상대성이론에서 시간의 지연에 대해 이야기했을 때 나온 그림이란다.

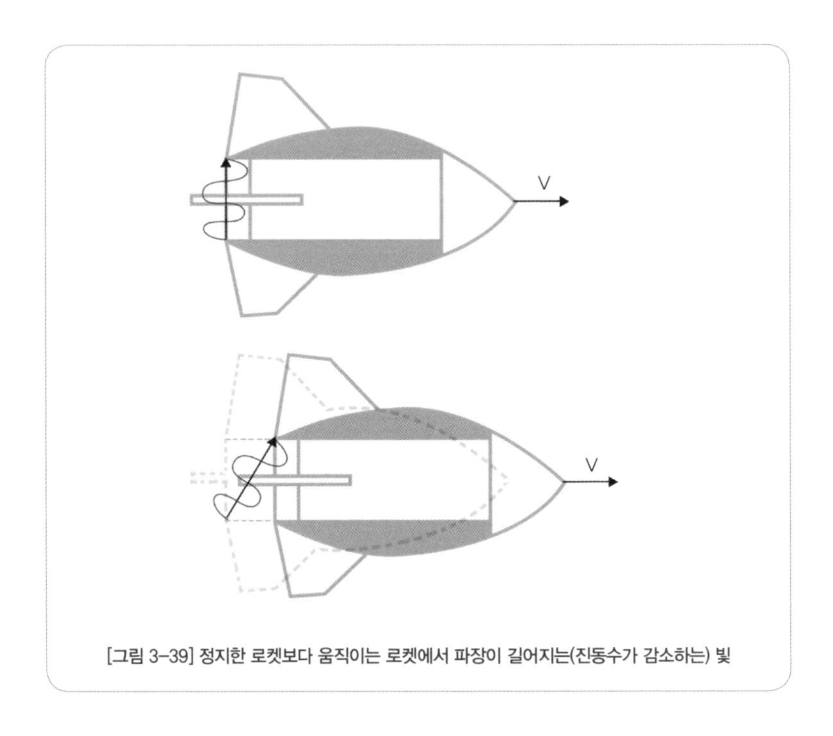

[그림 3-39] 정지한 로켓보다 움직이는 로켓에서 파장이 길어지는(진동수가 감소하는) 빛

먼저 빛(전자기파)의 파동을 눈으로 볼 수 있다고 가정하고, 그림과 같이 로켓의 바닥에서 출발하여 천장에 닿을 때까지 2파장 앞으로 갔다고 가정해보자.(실제로는 수천 억 번이 넘겠지만, 간단하게 2파장이라고 하자.) 정지한 로켓에서 2파장 앞으로 갔다면, 움직이는 로켓에서도 똑같이 2파장 앞으로 가겠지.

정지한 로켓에서 보다 움직이는 로켓에서 빛이 간 거리가 길어진다면, 이에 비례해서 빛(전자기파)의 파장이 길어지겠지. 위의 그림을 보면 움직이는 로켓(아래쪽 로켓)의 파장이 길어지는 것을 알 수 있을 거야. 파장이 길어지면(즉, 진동수가 감소하면) 위에서 보았듯이 시간이 지연된단다.

위의 이야기를 요약하면 다음과 같다.

(1) 움직이는 로켓에서는 빛의 이동 거리가 길어진다.

(2) 빛의 이동 거리가 길어지면, 비례하여 빛의 파장도 길어진다.(즉 진동수가 줄어든다)

(3) 진동수가 줄어들면 시간이 느리게 간다.

(4) 결론적으로 움직이는 로켓에서의 시간이 느리게 간다.

이와 같이 모든 원리나 이론은 증명하는 방법이 여러 개 있단다. 예를 들어, 네가 중학교 때 배웠던 피타고라스 정리를 증명하는 방법만 하더라도 수십 개가 있단다. 상대성이론도 마찬가지란다. 이 글의 부록에는 민코프스키가 이야기한 시공간 좌표계에서 특수상대성이론을 증명하는 방법도 나온단다.

3-7

블랙홀과 특이점

일반상대성이론의 사각지대

아인슈타인의 일반상대성이론은 블랙홀(black hole)의 존재를 예언했다는 이야기를 들은 적이 있는데… 블랙홀은 정확하게 무엇인가요?

블랙홀은 중력이 엄청나게 큰 별의 일종이란다. 태양 주위를 지나는 빛은 중력으로 인해 1/2000도 휘어졌지만, 블랙홀 주위를 지나는 빛은 엄청나게 휘어져서 소용돌이를 치며 빨려 들어간단다. 사람의 눈은 빛이 들어와야 볼 수 있는데, 블랙홀 안으로 빨려 들어간 빛은 밖으로 나오지 않기 때문에 검게 보이겠지.

빛을 빨아들일 정도로 중력이 큰 별이 블랙홀이란 이야기네요. 그런 별은 엄청나게 크겠네요. 그렇다면 얼마나 커야 블랙홀이 될 수 있나요?

밖으로 나가, 하늘을 향해 수직으로 공을 던져보자. 공은 지구의 중력으로 인해 땅으로 떨어지겠지. 그럼 이번에는 더 빠르게 던져보자. 그럼 공은 더 높이 올라간 후 떨어지겠지. 이렇게 점차 공을 더 빠르게 던지면, 공은 점차 더 높이 올라간 후 떨어지겠지. 그리고 어느 속도에 도달하면 공은 지구의 중력을 벗어나 우주로 나가게 된단다. 이처럼 공이 지구의 중력을 벗어나 우주로 나가기 위한 속도를 '탈출 속도escape velocity'라고 부른단다. 참고로 지구 탈출 속도는 초속 11.2km(시속 약 4만km)가 된단다.

만약 지구가 점점 커져서 지구의 질량이 증가한다면 지구의 탈출 속도는 어떻게 될까? 지구의 질량이 커지면, 중력이 증가하니까 탈출 속도도 커지겠지. 예를 들어, 지구의 질량이 지금보다 10배가 더 커진다면, 탈출 속도도 따라서 증가하겠지. 이렇게 지구가 점점 커져, 반지름이 태양에서 화성까지의 거리인 2억 2800만km가 된다면, 탈출 속도는 빛의 속도인 초속 30만km에 근접하게 된단다. 만약 지구가 이보다 크다면, 빛조차도 빠져나갈 수 없게 되겠지. 이렇게 지구의 질량이 커진다면, 지구는 블랙홀이 된단다.

별의 지름이 커지면 블랙홀이 된다는 생각을 200여 년 전에 한 사람이 있단다. 1783년 영국 요크셔 소른힐의 목사이자 지질학자이면서 천문학자이었던 미첼(John Mitchell, 1724~1793년)은 런던 왕립학회에 논문을 하나 제출하였단다. 미첼은 이 논문에서, 우주에는 우리가 눈으로 볼 수 없는 별이 있을 가능성이 있다고 하였단다.

당시 빛의 속도는 잘 알려져 있었고(1675년, 덴마크의 천문학자인 뢰머가 목성의 위성 이오를 관찰하면서 빛의 속도를 계산하였단다.), 만약 어떤 별의 탈출 속도가 빛보다 빠르면 이 별은 눈에 보이지 않는다는 것이야. 미첼은 이러한 별을 '검은 별dark star'이라고 불렀지.

당시 사람들은 빛이 입자라는 뉴턴의 주장을 믿었기 때문에, 이런 이야기가 가능하였다. 하지만 나중에 빛이 파동이라는 사실이 밝혀지면서, 미첼의 주장은 설득력을 잃었단다. 파동은 질량이 없기 때문에 만유인력 법칙을 적용할 수 없기 때문이지.(하지만 20세기 들어와 빛은 입자의 성질과 파동의 성질을 동시에 갖는다는 사실이 아인슈타인에 의해 밝혀졌단다.)

미첼의 뒤를 이어 '프랑스의 뉴턴'이라 불리우는 라플라스(Laplace, 1749~1827년)도 같은 생각을 하였단다. 1796년에 출간된 『우주 체계 해설』에서 이런 특이한 별에 대해 이야기하고 있다. 하지만 이 책의 3번째 판이 나왔을 때, 해당 내용을 빼버렸단다. 아마 본인도 이런 이상한 별의 존재가 의심스러워서 빼버리지 않았을까?

지구가 블랙홀이 되려면, 지금의 크기보다 수천억 배 이상 커져야한다는 이야기네요.

반드시 그렇지는 않단다. 지구가 블랙홀이 되기 위해 질량이 커지는 것보다 쉬운 방법이 있단다. 뉴턴이 만든 만유인력 법칙을 보면, 중력의 크기는 질량에 비례하고, 거리의 제곱에 반비례하지. 이 법칙에 따라 중력이 커지려면, 질량이 커지거나 거리가 줄어들면 된단다.

예를 들어, 지구의 질량이 변하지 않는 상태에서 지구의 반지름 r이 점차 줄어들면 지구 표면에 서 있는 사람은 더 큰 중력을 느끼게 되겠지. 만약 반지름 r이 0에 가까워진다면, 뉴턴의 만유인력 공식($F=GMm/r^2$)에서 중력은 무한대에 가까워지겠지.

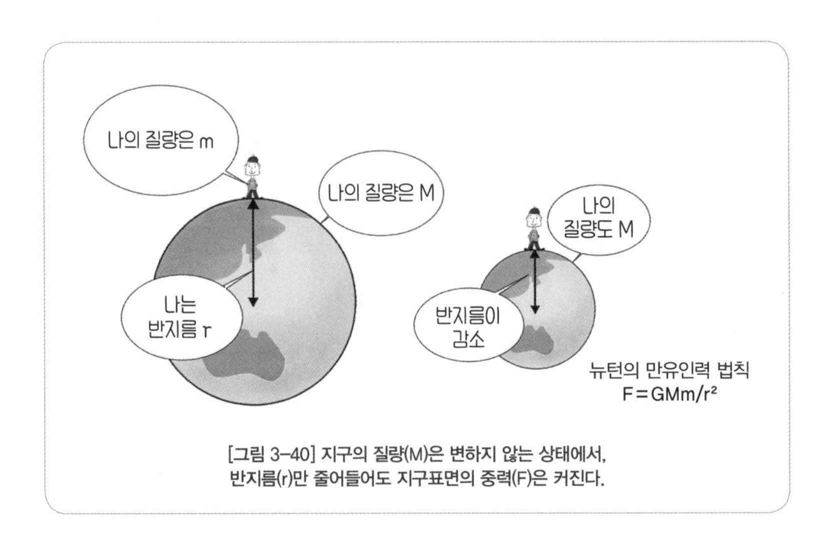

[그림 3-40] 지구의 질량(M)은 변하지 않는 상태에서, 반지름(r)만 줄어들어도 지구표면의 중력(F)은 커진다.

만약 지구의 질량이 변하지 않는 상태에서 지구의 반지름(6.371km)이 9mm로 줄어들면 지구의 탈출 속도는 초속 30만km가 넘는단다. 다시 말해, 지구가 압축되어 사탕 정도의 크기가 되면, 지구는 블랙홀이 된다는 이야기가 되지. 물론 이때 지구의 밀도(=질량/부피)는 엄청나게 커지겠지.

태양의 경우, 70만km인 태양의 반지름이 3km가 될 때까지 압축하면 블랙홀이 된단다. 이와 같이 어떤 별이 블랙홀이 되기 위한 반지름을 '슈바르츠실트의 반지름'이라고 한단다.

슈바르츠실트는 사람 이름인가요?

그래. 슈바르츠실트(Schwarzschild, 1873~1916년)는 독일의 천문학자란다.

1915년 11월 25일 아인슈타인이 일반상대성이론을 발표할 때에는 1차 세계대전 중이었고, 슈바르츠실트는 일반상대성이론의 중력장 방정식을 보고는, 곧바로 러시아 전선으로 가서 전투에 참가하였단다. 전쟁터에서 슈바르츠실트는 중력장 방정식으로부터 구형 물체 주변에서 시공간spacetime이 얼마나 휘어지는지를 정확하게 계산해 내었단다.

1915년 12월 22일 그는 자신이 계산한 해解를 아인슈타인에게 보냈는데, 아인슈타인은 이 편지를 보고 매우 놀랐단다. 사실 아인슈타인도 자신이 만든 방정식의 완전한 해는 구하지 못하였고, 근사 해에 만족했단다.

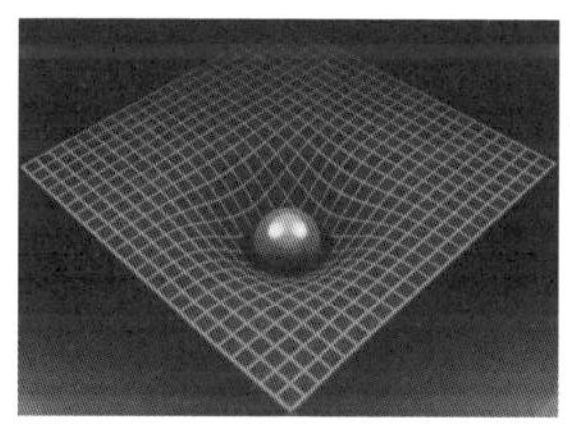
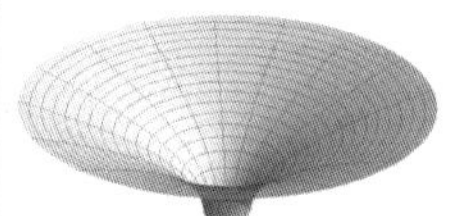

[그림 3-41] 구형 물체 주변의 휘어진 공간. 구형 물체에 가까울수록 휘어짐이 심해지는데, 휘어짐과 중력은 비례한다.

위 그림을 보면, 아인슈타인은 직교좌표계(왼쪽 그림) 상에서, 슈바르츠실트는 방사형 모양의 극좌표계(오른쪽 그림)에서 해를 구하였단다. 오른쪽 그림을 보면, 하나의 단면이 360도로 회전한 모양(축 대칭)이기 때문에, 아인슈타인보다 쉽고 간단하게 완전한 해를 구할 수 있었단다.

이듬해인 1916년, 아인슈타인은 슈바르츠실트에게 이렇게 답장을 보냈단다.

"나는, 누구도 이렇게 쉽게 완전한 해를 구할 수 있을 거라 고 생각하지 못했습니다. 아주 마음에 듭니다. 다음 주 목요일 아카데미에서 이 내용을 간단하게 설명을 하려고 합니다."

아인슈타인으로부터 답장을 받은 그해 5월 슈바르츠실트는 전쟁터에서 천포창pemphigus이라고 불리는 희귀한 피부병에 걸려 죽었단다. 구형 물체 주변에서 공간의 휘어진 양(ds)을 나타내는 슈바르츠실트의 해를 네가 알 필요는 없지만, 아인슈타인을 놀라게 한 이 식에 블랙홀의 비밀이 숨어있으니까, 한번 구경이나 하렴.

$$ds^2 = \left(\frac{1}{1-\frac{r_s}{r}}\right) dr^2 + r^2(d\theta^2 + sin^2\theta d\phi^2) - c^2(1-\frac{r_s}{r})dt^2$$

이 식에 나오는 r_s가 바로 문제의 슈바르츠실트의 반지름인데, 다음과 같단다.

$r_s=2Gm/c^2$(G는 중력상수, m은 구형 물체(별)의 질량, c는 빛의 속력) 예를 들어, 질량이 2×10^{30}kg인 태양의 슈바르츠실트의 반지름을 구해보면, 다음과 같단다.

$r_s= 2\times(6.673 X 10^{-11}Nm^2 /kg^2)\times(2 X 10^{30}kg)\div(3 X 10^8m)^2 = 3\times 10^3m = 3km$

위 계산이 좀 복잡하다면, 근사식을 사용하면 슈바르츠실트의 반지름을 아주 간단하게 계산할 수 있단다. 만약 어떤 별의 질량이 태양 질량의 n배라면, 슈바르츠실트의 반지름은 3n km가 된단다. 예를 들어 태양보다 5배가 무거운 별의 슈바르츠실트의 반지름은 3×5 = 15km가 된단다. 슈바르츠실트의 해는 아인슈타인을 기쁘게 했음에도 동시에 아인슈타인을 괴롭혔단다. 바로 해에 나오는 특이점 때문이란다.

특이점이 아인슈타인을 괴롭혔다고요? 특이점은 수학 시간에 배운 것 같은데… 특이점이 무엇인지에 대해 먼저 이야기해주세요.

특이점特異點, singularity은 '특별히特 다른異 점點'이란 뜻으로, 수학에서 불연속점이나 변곡점처럼 다른 것에 비하여 특이한 형태를 나타내는 점을 모두 이르는 말이다. 가령 y=1/x라는 곡선이 있는 경우, x=0인 경우 y 값은 불연속이 되는데, 이와 같은 점을 특이점이라고 한단다. 이런 특이점은 수학적으로 존재할 수 있으나, 현실세계에서는 불가능한 경우가 많고 무한대가 수학에서는 존재하나 현실에서는 존재하지 않는다.

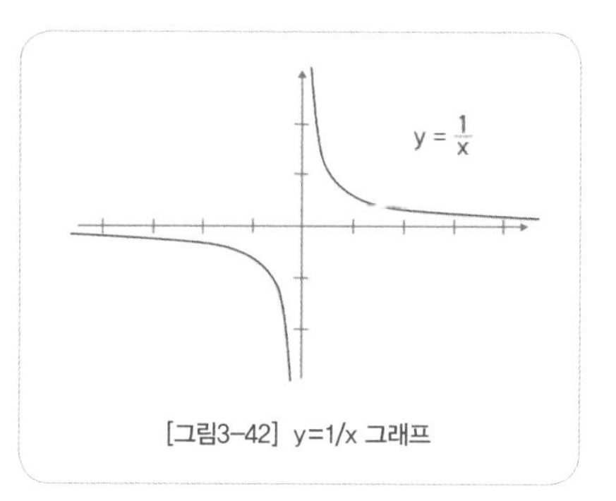

[그림3-42] y=1/x 그래프

슈바르츠실트의 해에는 이와 같은 특이점이 두 곳이 있단다. 위에 나오는 슈바르츠실트의 해를 보면 r=0일 때와 $r=r_s$(슈바르츠실트의 반지름)일 때 공간이 휘는 양(ds)이 무한대가 된단다.(이 값을 대입해 보면, 위의 식 첫번 째 항과 마지막 항에서 무한대가 된다.)

첫 번째 r=0인 지점은 질량의 중심이란다. 사실 이 특이점은 뉴턴의 만유인력 공식($F=GMm/r^2$)에도 나타난단다. 만유인력 공식에서 두 질량 간의 거리 r이 0이면 중력 F는 무한대가 되어 특이점이 나타나게 되지. 하지만 r =0이 되려면, 질량을 가진 두 개의 물체가 한 지점에서 겹쳐서 존재해야 하는데, 현실 세계에서는 이런 일이 일어나지 않겠지.

두 번째 $r=r_s$인 지점은 질량의 중심으로부터 r_s의 거리에 있는 점들, 즉 원 둘레가 된단다. 다시 말해, 원 둘레에서는 공간의 휘는 양이 무한대가 되는데, 공간이 휘는 양은 중력에 비례하니까, 중력의 크기가 무한대가 된다는 뜻이 되지. 만약, 중력의 크기가 무한대가 된다면, 이 지점에서는 빛을 포함한 모든 것을 빨아들이

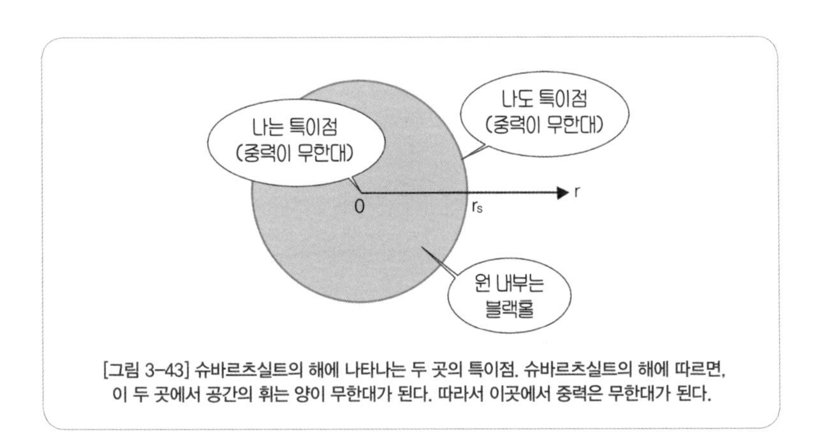

[그림 3-43] 슈바르츠실트의 해에 나타나는 두 곳의 특이점. 슈바르츠실트의 해에 따르면, 이 두 곳에서 공간의 휘는 양이 무한대가 된다. 따라서 이곳에서 중력은 무한대가 된다.

게 되겠지. 또, 중력이 무한대가 된다면 시간은 정지하게 된단다. 일반상대성이론에서 중력이 커질수록 시간이 느리게 간다고 한 것을 기억하니? 당시에는 블랙홀이란 개념을 누구도 상상하지 못했기 때문에, 사람들은 이런 원의 존재에 대해 매우 당황해했단다. 과학자들은 질량의 중심에서 이 지점까지의 거리를 슈바르츠실트의 반지름이라고 불렀고, 그 안의 공간(블랙홀)에서 어떤 일이 일어나는지 아주 궁금해했었단다. 아인슈타인도 이런 사실을 알았지만, 침묵을 지켰지. 1922년 프랑스의 수학자 아다마르(Hadamard, 1865~1963년)는 파리에서 열린 한 회의에서 아인슈타인을 궁지로 몰아넣으며 이렇게 물었단다.

"슈바르츠실트의 반지름에서 중력이 무한대가 된다면, 그 안쪽은 어떻게 됩니까?"

아인슈타인은 대답하기를 주저하다가, 이렇게 답변하였단다.

"그게 사실이라면 저의 이론에는 대재앙이 닥치는 거지요. 하지만 (블랙홀 안쪽에서는) 그 공식이 더 이상 적용되지 않기 때문에 물리적으로 어떤 일이 일어날지를 묻는 것은 의미가 없습니다."

즉, 일반상대성이론으로 블랙홀의 존재를 예견했음에도 불구하고, '블랙홀 안쪽에서는 일반상대성이론을 적용할 수 없다.' 는 것을 아인슈타인 스스로 인정한 것이지. 다시 말해, 블랙홀은 일반상대성이론의 사각지대인 셈이지. 별빛이 휘는 것을 관측하여 아인슈타인을 유명하게 만들어 주었던 에딩턴(Eddington, 1882~1944년) 역시 이 이상한 지역을 알았고, 그 곳을 '마법의 원 magic circle'라고 불렀단다.

이러한 마법의 원 내부와 외부의 경계를 '사건의 지평선'(면event horizon)이라고 부른단다. 예를 들어, 사막 한가운데에 서서 주위를 둘러보면, 지평선 위에 있는 물체는 볼 수 있지만, 지평선 너머 있는 물체는 볼 수 없겠지. 마찬가지로 이 마법의 원 외부에서 일어나는 사건은 볼 수 있지만, 이 마법의 원 내부(블랙홀)에서 있어난 사건은 빛이 우리 눈에 도달하지 않아 우리가 볼 수 없기 때문에 '사건의 지평선'이란 이름이 붙었단다.

또, 사건의 지평선을 넘어 블랙홀에 들어가면 다시는 나올 수

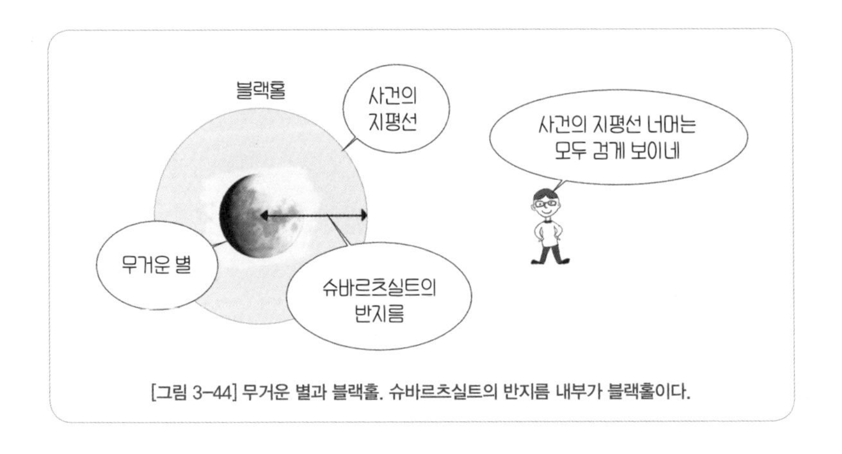

[그림 3-44] 무거운 별과 블랙홀. 슈바르츠실트의 반지름 내부가 블랙홀이다.

없기 때문에, '사건의 지평선을 돌아올 수 없는 지점the point of no return'이라고도 부른단다.

그럼 실제로 블랙홀은 우주에 존재하나요?

슈바르츠실트가 아인슈타인의 일반상대성이론으로부터, 이론적으로 블랙홀이 존재할 수 있다는 것을 밝혀낸 이후, 많은 과학자들이 블랙홀의 존재를 입증하기 위한 연구를 하였단다.

앞에서도 이야기했듯이 블랙홀이 되려면 별의 크기보다 밀도가 아주 커야 하는데, 우주에서 밀도가 가장 큰 별이 중성자별이란다. 중성자별은 반지름이 약 5km 정도 되는 작은 별이지만 무게는 태양(반지름이 70만km)과 비슷한 별이란다. 그럼, 중성자별이 어떻게 생겨나는지 알아보자.

태양과 같이 젊은 별은 내부에서 핵융합이 일어나서 바깥으로 에너지를 내 뿜으면서 팽창력이 생기고, 동시에 중력으로 별이 수축하려는 힘이 생기는데, 이 두 힘이 균형을 이루면서 별의 형태를 유지한단다.

별이 핵융합할 원자를 모두 소진하고 나면 팽창 에너지가 고갈되고 오로지 중력만 남게 된단다. 이때부터 별은 중력에 의해 급속하게 쪼그라들면서 크기가 줄어드는데, 이런 현상을 '중력 붕괴'라고 한단다. 중력으로 별이 쪼그라들 때 별의 중심부에는 압력이 커지는데 이러한 압력으로 인해 원자가 붕괴되어 원자핵과

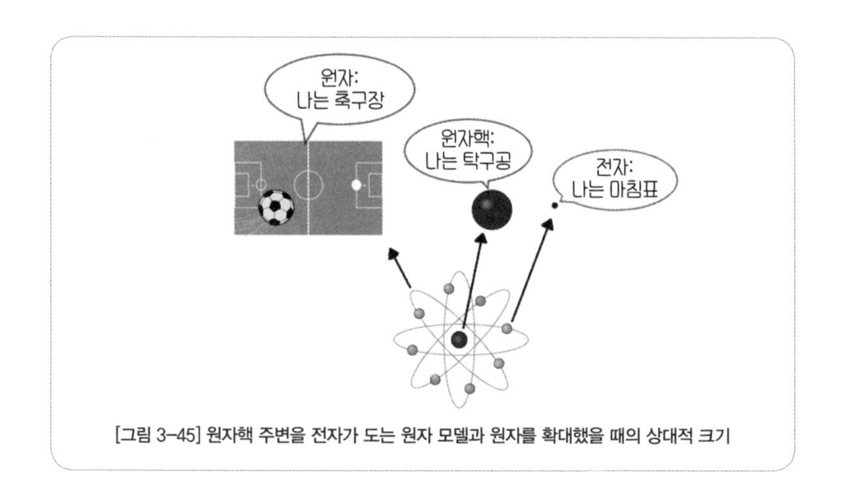

[그림 3-45] 원자핵 주변을 전자가 도는 원자 모델과 원자를 확대했을 때의 상대적 크기

전자 사이의 공간이 모두 사라진단다.

[그림3-45]는 원자핵 주변을 전자가 도는 원자 모델이란다. 학교 수업 시간에 배운 이 모델은 실제 모양보다 과장되게 그려졌단다. 원자의 크기가 축구장만 하다면, 중앙에 있는 원자핵은 탁구공 크기이고, 주변에서 돌고 있는 전자는 이 글의 마침표만 하단다. 그리고 나머지는 모두 비어있단다.

중력 붕괴가 일어나면, 원자 내부의 빈공간이 사라지면서 압축이 된단다. 따라서 축구장만 한 원자가 탁구공만 해진다. 이때 원자핵 안에 있는 양성자와 중성자 중에, 양성자는 주변에서 돌고 있는 전자와 결합하여 중성자가 된단다.

중력붕괴가 끝나면 별의 부피는 매우 작아지고 밀도는 매우 큰 중성자별이 탄생하는데, 각설탕만 한 1㎤의 크기의 질량이 10억 톤이나 된다. 하지만 중성자별이라고 모두 블랙홀이 될 수

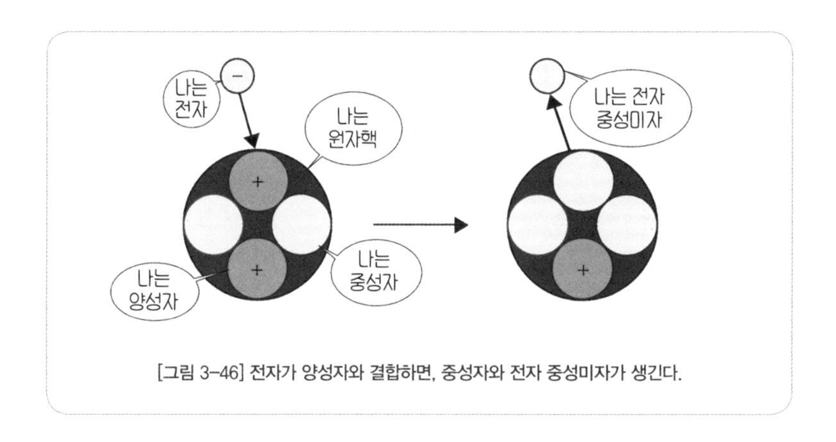

[그림 3-46] 전자가 양성자와 결합하면, 중성자와 전자 중성미자가 생긴다.

는 없단다.

예를 들어, 태양이 압축되어 중성자별이 되더라도 반지름이 5km나 된다. 태양의 경우 슈바르츠실트의 반지름이 3km이란다. 즉, 태양의 질량이 변하지 않는 상태에서 반지름이 3km보다 작아야 블랙홀이 될 수 있지. 따라서 태양과 질량이 비슷한 중성자별은 블랙홀이 될 수 없지만, 질량이 더 늘어나 태양의 3.2배 이상이 되면 블랙홀이 될 수 있다. 다시 말해, 중성자별 중에서도 무거운 중성자별만 블랙홀이 될 수 있단다.

블랙홀의 실제 존재나 특성은 1955년 아인슈타인이 죽은 이후에 대부분 밝혀졌지만, 아인슈타인은 블랙홀의 존재에 대해 거의 인정하지 않았단다. 하지만 블랙홀에 대한 존재와 특성이 대부분 자신이 만든 일반상대성이론에 의해 밝혀졌다는 것이 아이러니하지 않니?

이 질문에 대해 답변하기 전에 먼저 알아야 할 사실은, 블랙홀이 주변의 물체들을 모두 빨아들인다고 알고 있지만, 그렇지는 않단다. 만약 태양계에서 태양이 어느 날 똑같은 질량의 블랙홀이 된다 하더라도 지구를 비롯한 행성이 태양으로 빨려 들어가지는 않는단다. 블랙홀은 크기에 비해 질량이 아주 큰 별의 한 종류일 뿐이지. 물론 빛이나 물체가 블랙홀에 아주 가까이 다가간다면 블랙홀에 빨려 들어가겠지만, 거리를 두고 지나간다면, 여느 별과 똑같단다.

만약 블랙홀 주변에 우주에 떠돌아다니는 가스 구름 같은 것이 지나간다면, 아주 빠른 속도로 회전하면서 블랙홀에 빨려 들어가기도 하는데, 이때 가스의 속도가 너무 빨라 가스는 아주 높은 온도로 올라간다. 앞서 말했듯이, 높은 온도의 물체에서는 빛(전자기파)이 나온단다. 불꽃이나 녹는 쇠에서 나오는 빛이 그러한 예이란다. 블랙홀 주변에서 회전하는 가스에서 나오는 빛(전자기파)은 에너지가 너무 크기 때문에 파장이 아주 짧은 자외선이나 X-선 형태로 주로 나온단다. 일반 망원경으로는 이런 자외선이나 X-선을 볼 수 없지만, 다양한

[그림 3-47] 허블우주망원경
지구를 둘러 싼 대기가 우주에서 오는 전자기파를 대부분 차단하기 때문에 우주에 망원경을 보내 전자기파를 관측하는 망원경을 우주망원경이라 부른다.

대역의 전자기파를 볼 수 있는 우주망원경으로는 자외선이나 X-선을 볼 수 있단다.

[그림 3-48] 영화 인터스텔라(Interstellar, 2014년)에 나온 블랙홀과 주변의 가스. 블랙홀 주변을 빠르게 회전하는 가스에서 나오는 자외선이나 X-선을 망원경으로 관찰하면 이런 모습이 된다. 우리의 상상과는 달리 아주 아름다운 모습이다.

재미있는 사실을 하나 이야기하자면, 블랙홀이라는 이름은 우연히 만들어졌다. 중성자별을 연구하던 미국의 물리학자 휠러(Wheeler, 1911~2008년)가 '중력적으로 붕괴되어 압축된 물체 gravitationally collapsed compact object'라는 길고 어려운 이름을 대신할 이름을 찾았는데, 1969년에 한 학회에서 청중이 제안한 이름이 블랙홀이었단다. 그리고 현재까지 천문학자들이 발견한 블랙홀의 목록을 보려면 위키피디아(http://en.wikipedia.org/)에서 'List of black holes'을 검색해보기 바란다.

3-8

만유인력법칙과 일반상대성이론의 차이점

빛의 경우만 제외하면, 뉴턴의 만유인력 법칙으로 중력이 있는 공간의 운동을 모두 설명할 수 있나요?

답부터 말하자면, 그렇지 않단다. 중력이 아주 큰 곳에서는 뉴턴의 만유인력 법칙이 맞지 않는단다. 예를 들면, 중력이 너무나 커서 빛조차 빨려 들어가는 블랙홀의 주변이 바로 그런 경우이다. 그럼 왜 중력이 큰 공간에서는 만유인력 법칙이 성립하지 않는지 살펴보자.

일반상대성이론에서 아인슈타인은 휘어진 공간을 에너지를 가진 공간으로 보았단다. 예를 들어, 네가 활을 쏘기 위해 활을 휘게 하면 활은 에너지를 갖게 되지.(화살을 쏘는 힘은 바로 이 에너지에서 나오게 되지.) 마찬가지로 공간을 휘게 하면 공간은 에너지를 갖게 되지. 다시 말해, 전자기장이 에너지듯이 중력장도 에너지란다.

아인슈타인의 특수상대성이론($E=mc^2$)에 따르면 에너지는 질량으로 변환될 수 있겠지. 그러면 이 질량은 공간을 더욱 휘게 하지. 쉽게 말하면 중력장(휘어진 공간)이 에너지이고, 이 에너지를 질량으로 환산하면, 이 질량이 다른 중력장을 만든다는 것이지. 요약하면 중력장이 중력장을 만든다는 이야기가 되지. 가령, 물체 주변에 100이란 중력장이 있다면 이 중력장은 다시 100보다 작은 다른 중력장을 만든다는 것이지.

만약 중력장이 또 다른 중력장을 만든다면, 뉴턴의 만유인력

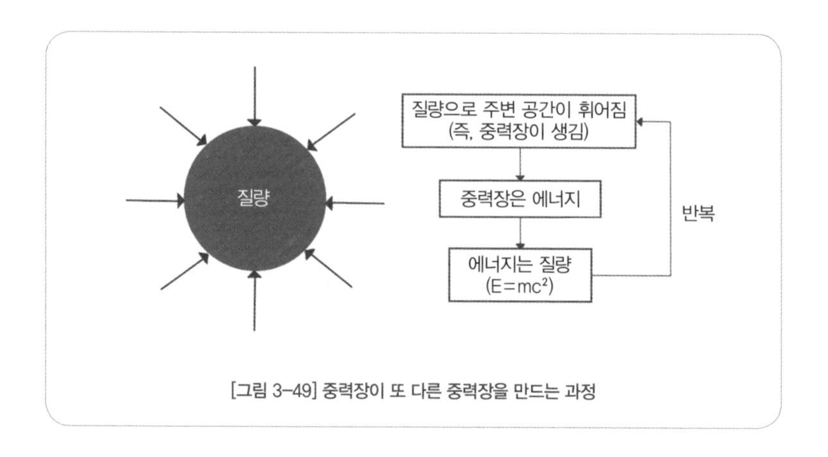

[그림 3-49] 중력장이 또 다른 중력장을 만드는 과정

공식은 맞지 않게 되겠지.

중력장이 에너지이고, 에너지는 질량이기 때문에, 이 질량으로부터 다시 중력장이 생긴다고… 그렇다면 그런 사실이 실제로 증명이 되었나요?

그렇단다. 실제로 증명된 이야기가 조금 길지만, 끈기를 가지고 들어 보렴.

중력장이 중력장을 만든다는 아인슈타인의 생각을 증명한 것이 수성의 근일점 이동 현상이란다.

태양 주위를 도는 모든 행성은 완전한 원을 그리지는 않고, 원이 약간 찌그러진 형태의 타원을 그리며 도는데, 한 바퀴를 도는 중 '태양日과 가장 가까운近 지점點'을 '근일점近日點'이라고 부른다.

그런데 이 근일점은 항상 제자리에 있는 것이 아니라 조금씩 이동한단다. 왜냐하면 행성은 태양뿐만 아니라 주변의 다른 행성으로부터도 아주 작은 중력을 받기 때문에, 이런 영향으로 공전궤도가 조금씩 틀어진단다. 그리고 이와 같은 현상을 섭동攝動('당겨서攝 움직인다動'는 뜻)이라고 부르지.

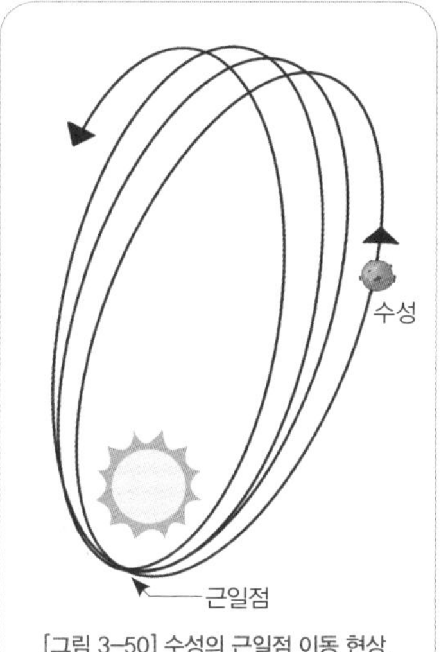

[그림 3-50] 수성의 근일점 이동 현상. 그림에는 움직임이 과장되어 있다. 근일점은 100년에 0.16도 이동한다.

섭동 현상의 대표적인 사례가 해왕성의 발견이란다. 독일 출생의 영국 천문학자 허셜(Herschel, 1738~1822년)은 태양계 바깥에 있는 별까지의 거리를 측정하려고 별을 관찰하던 중, 1781년 우연히 천왕성을 발견하였단다. 그때까지만 해도 태양계에서는 5개의 행성(오행)만이 있다고 믿었지. 이후 계속 관찰한 결과, 천왕성이 뉴턴의 공식으로 계산된 궤도를 약간 벗어나 운동하는 것을 발견하였단다.

1846년, 프랑스의 천문학자 르베리에(Le Verrier, 1811~1877)는 천왕성 궤도 바깥에 또 다른 행성이 있어서 이 행성이 천왕성의 궤도 운동에 영향을 준 것으로 생각하고 그 행성의 위치를 계산하였단다.

[그림 3-51] 1789년 허셜이 만든 지름 1.2m의 망원경

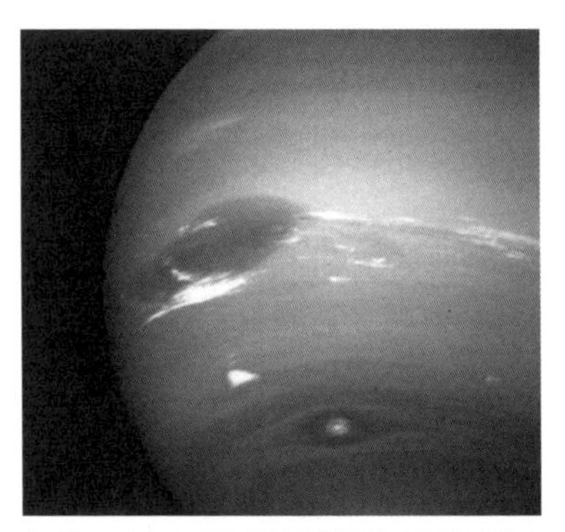

[그림 3-52] 1846년 독일의 천문학자 요한 갈레가 관측한 해왕성. 해왕성(海王星)의 영어 이름 넵튠(Neptune)은 로마신화에 나오는 바다의 신이다.

르베리에는 이런 내용을 담은 편지를 베를린 천문대에 있는 독일 천문학자 요한 갈레(Johann G, 1812~1910년)에게 보냈는데, 그날 밤 르베리에가 예측한 위치에서 1°도 벗어나지 않은 곳에서 해왕성을 발견했단다. 해왕성의 발견은 뉴턴 물리학의 대표적인 성공사례로 손꼽힌단다.

수성도 섭동 현상으로 근일점이 100년에 574초(= 574/3600도 = 0.16도) 정도 이동한다. 뉴턴의 공식으로 계산해보면, 574초 중 531초는 주변의 다른 행성의 중력 효과로 설명이 가능하지만 남은 43초에 대해서는 설명할 수 없었단다.

섭동 현상으로 해왕성의 존재를 예측한 르베리에는 이 43초도 우리가 발견하지 못한 소규모 행성으로 인한 섭동 현상일 거라 생각하였단다. 그리고 그 미지의 행성을 불칸Vulcan이라 이름 지었는데, 불칸은 로마 신화에 등장하는 불과 대장장이의 신 불카누스Vulcanus에서 온 것으로, 이 행성이 태양에 아주 가까이 있을 거라고 생각했기 때문에 붙인 이름이란다.(화산을 뜻하는 영어 volcano도 여기에서 유래했단다.) 하지만 누구도 불칸을 발견하지 못했다. 심지어 어떤 학자는 불칸이 태양의 뒤편에 있는데, 공전주기가 지구와 똑같아서 영원히 볼 수 없다고 주장했지.

1907년 아인슈타인은 수성의 근일점 이동 현상에 대한 이야기를 듣고 아주 흥분했다고 한다. 12월 24일 그는 친구에게 아래와 같은 내용의 편지를 썼단다.

> *"요즘 나는 중력법칙과 관련된 상대성이론에 대해서 고심하느라고 바쁘게 지내고 있네… 나는 지금까지 설명되지 않았던 수성의 근일점 이동 문제에 대해 분명히 하고 싶네."*

아인슈타인이 일반상대성이론을 완성하면서, 뉴턴의 물리학으로는 설명할 수 없었던 43초의 미스터리를 완벽하게 풀어내었단다. 아인슈타인은 태양의 중력장을 질량으로 보고, 이 질량이 만들어낸 중력장이 수성의 근일점을 좀 더 이동시킨다고 생각한 것이지. 물론 아인슈타인은 자신이 만든 공식으로 이 값을 정확하게 계산해내었지.

그럼 왜 하필이면 여러 개의 행성 중에서 수성에게만 이런 문제가 있었을까? 태양계에서 중력이 가장 큰 곳이 태양의 주변이고, 태양에서 가장 가까운 행성이 수성이기 때문이지.

수성 근일점 이동 현상에서 보았듯이, 중력이 크면 클수록(즉 공간이 크게 휘어질수록) 만유인력 법칙의 오차는 커진단다. 중력이 큰 블랙홀의 경우, 블랙홀의 중력장이 다른 중력장을 만들고, 이렇게 만들어진 중력장은 또 다른 중력장을 만들어내지. 그리고 이런 것이 계속 반복되면서 원래의 중력장보다는 훨씬 큰 중력장이 생기지. 따라서 블랙홀 주변에서는 만유인력 법칙을 적용할 수가 없단다.

그럼 왜 학교에서는 아직도 뉴턴의 만유인력 법칙을 가르치고 있나요?

일반상대성이론이 나온 지 100년이 넘었지만, 여전히 학교에서는 뉴턴의 만유인력 법칙을 가르치고 있지. 상식적으로 생각하기에는 새로운 물리 법칙이 나왔으니까, 이전의 법칙은 틀렸다고 생각할 수도 있겠지만, 꼭 그런 것만은 아니다.

과학이라는 학문이 자연 현상으로부터 법칙을 찾아내는 것이라고 본다면, 뉴턴의 만유인력 법칙도 크게 틀린 것은 아니란다. 중력이 아주 큰 공간(아주 크게 휘어진 공간)을 제외하면, 뉴턴의 만유인력 법칙으로도 충분히 자연 현상을 설명할 수 때문이지.

우리가 사는 우주는 전체로 보면 많이 휘어져 있지만, 일부만 보면 휘어진 정도가 아주 작지. 예를 들어, 지구 표면을 달에서 보면 공처럼 생겼지만, 우리가 사는 곳에서 보면 휘어진 것을 전혀 알 수 없지. 이처럼 휘어진 정도가 아주 작아 유클리드 공간과 거의 유사한 공간을 '유사-유클리드 공간pseudo-euclid space'이라고 부른단다. 그리고 이런 유사-유클리드 공간에서는 뉴턴의 만유인력 법칙을 적용해도 충분하단다.

가령, 지구 위에서 포탄의 궤적을 계산하거나 달이 지구 둘레를 도는 주기를 계산하는 데에는 뉴턴의 공식으로도 거의 완벽한

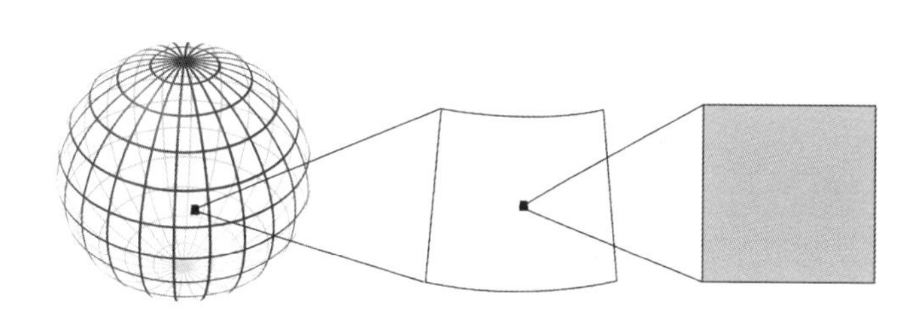

[그림 3-53] 휘어진 2차원 곡면에서 작은 부분을 확대하면, 평면과 거의 같은 모습을 가지고 있다. 이처럼 실제로는 휘어져 있지만 평면과 거의 유사한 곡면을 유사-유클리드 공간이라고 한다. 우리는 이와 같은 유사-유클리드 공간에 살고 있다.

계산을 할 수 있단다. 아폴로 우주선이 달에 가는 데도 뉴턴의 공식만으로 충분했고, 최근에 화성이나 태양계 바깥으로 보내는 무인 탐사선의 궤도 계산에도 뉴턴의 공식만 사용했단다. 쉽고 간단한 뉴턴의 만유인력 법칙을 두고, 굳이 복잡한 일반상대성이론을 사용할 필요가 없지.

비유하자면, 123에 45를 곱하려면 계산기 정도만 있어도 정확한 답을 얻을 수 있는데, 굳이 컴퓨터를 사용할 필요는 없다는 것이지. 결론적으로, 아인슈타인의 일반상대성이론보다는 뉴턴의 만유인력 법칙이 쓸모가 많다는 것이다.

3-9

상대성이론의 결말

시간과 공간, 물질과 에너지의 통합

이로써 상대성이론이 모두 끝난 것인가요? 그렇다면 이제 앞에서 이야기한 시간과 공간, 물질과 에너지의 관계에 대한 이야기를 해주세요.

그래. 이제 상대성이론에 대한 이야기가 모두 끝났다. 지금부터는 아인슈타인의 상대성이론에서 나왔던 시간과 공간, 물질(질량)과 에너지의 관계에 대해 종합적으로 정리해보자.

상대성이론의 주연 배우인 빛(전자기파)이 파동의 일종이라는 것은 이젠 너도 알겠지. 자연계에 있는 모든 파동(예를 들면 파도나 소리)은 멀리 퍼져나가는 성질이 있는데, 파동이 멀리 퍼져 나가기 위해서는 '매질'이라고 하는 물질이 있어야 한다. 가령, 소리가 퍼져나가기 위해서는 공기가 있어야 하고, 파도가 퍼져 나가려면 물이 있어야 하는데, 공기와 물은 모두 물질이란다. 이런 물질이 없는 진공 속에서는 소리나 파도가 퍼져 나갈 수 없단다.

또 다른 파동의 성질 중의 하나는 에너지를 전달한다는 것이란다. 예를 들어, 우리가 말을 하면 주변의 공기가 진동하고, 이러한 공기의 진동은 귀의 고막을 진동시켜 소리가 들리도록 만든단다. 즉, 고막을 진동시키는 에너지는 공기의 진동(파동)에서 나왔다고 볼 수 있지.

전자기파도 소리와 마찬가지로 에너지를 전달한단다. 예를 들어, 방송국 안테나에서 발사된 전자기파는 TV나 라디오에 달려 있는 안테나 내의 전자를 진동시켜 전류를 일으킨단다.

[그림 3-54] 전자레인지 오븐.
전자기파 일종인 마이크로파(microwave)로 에너지를 전달하여 음식물을 데운다.

태양은 1초에 4백만 톤의 질량을 태워 나오는 빛(전자기파)을 전 우주로 날려 보낸다. 그 중 극히 일부(20억 분의 1)는 지구에 도달하여, 식물을 성장시키고, 바닷물을 증발시키며, 네 피부를 태우기도 한단다. 즉, 태양 빛(전자기파)도 에너지를 가지고 있다는 증거이지.

전자기파가 파동이라는 사실을 처음으로 알아낸 맥스웰은 모든 파동이 그렇듯이 전자기파도 매질을 통해 전파된다고 생각하였단다. 그리고 그러한 매질을 '에테르Ether'라고 불렀고, 전자기파가 퍼져 있는 공간을 '전자기장電磁氣場'이라고 불렀다.

이후, 에테르의 존재에 대해 많은 과학자가 논쟁을 하였는데, 아인슈타인이 특수상대성이론을 발표하면서 에테르가 없다는 결론을 내려 과학계를 깜짝 놀라게 하였단다. 즉, 전자기파는 기존의 파동과는 달리, 아무런 매질도 없는 진공 속에서도 퍼져 나갈 수 있다는 것이지.

에테르가 있느냐? 없느냐?는 문제가 그리 중요한가요?

그럼, 엄청나게 중요하단다. 에테르가 없어도 전자기파가 퍼져 나갈 수 있다는 사실은, 지금까지 우리가 알고 있었던 물질과 공간의 개념을 완전히 바꾸어 놓았단다.

당시 사람들은 물질만이 에너지를 가질 수 있다고 생각하였단다. 예를 들어, 전기에너지, 열에너지, 화학에너지, 핵에너지, 운동에너지 등은 모두 물질에서 나온단다. 파동도 마찬가지란다. 파도가 가지는 에너지는 물(물질)이 상하 진동을 하는 운동 에너지이고, 소리가 가지는 에너지는 공기(물질)가 진동하는 운동 에너지이지. 하지만 에테르(물질)가 없다면, 전자기파는 어떻게 에너지를 전달할까?

에테르가 없다면 전자기장 스스로가 에너지를 가질 수밖에 없겠지. 그런데 이 말은 아주 중요한 의미를 가진단다. 만약 물질 만이 에너지를 가질 수 있다면, 전자기파는 기존의 물질과는 다른 형태의 물질이라고 생각할 수 있기 때문이지. 그리고 이런 생각은 아인슈타인의 특수상대성이론에서 사실로 밝혀졌단다.

아인슈타인은 '질량을 가진 물질에서 전자기파가 방출되면 질량이 감소한다.'는 사실에서 '질량을 가진 물질은 에너지를 가진 전자기파로 변환될 수 있다.'는 사실을 발견하였고, 그러한 사실을 $E=mc^2$로 표현했었지.

에너지=물질(질량)

비유하자면, 손으로 만질 수 있는 얼음(고체)이 만질 수 없는 수증기(기체)로 변할 수 있듯이, 만질 수 있는 물질(질량)이 만질 수 없는 전자기장(에너지)으로 변할 수 있다는 이야기가 되지. 다시 말해, 얼음과 수증기는 같은 것인데 형태만 다르듯이, '물질과 전자기장(에너지)도 같은 것인데 형태만 다르다.'는 이야기가 되지. 이제, "전자기장은 기존의 물질과는 다른 형태의 물질이다."는 이야기가 이해되니?

예. "전자기장이 에너지이고, 에너지가 곧 물질(질량)이다."는 이야기는 특수상대성이론에서 이미 나왔던 이야기잖아요.

그래. 특수상대성이론에서 "질량이 곧 에너지이고, 에너지가 곧 질량이다."는 이야기가 이미 나왔지. 그렇다면 만질 수 없는 물질, 즉 만질 수는 없지만 에너지를 가지고 있는 물질은 전자기장만 있을까? 일반상대성이론에서 말했듯이 중력이 미치는 공간(휘어진 공간)도 에너지를 가지고 있단다. 그리고 이런 공간을 '중력장'이라고 하지.

그렇다면 이제 우주는 '만질 수 있는 물질'과 '만질 수는 없지만 에너지를 가지고 있는 물질(전자기장과 중력장)'로 이루어져 있다고 할 수 있지. 전자기장과 중력장의 영향은 우주 끝까지 미치기 때문에(물론 우주 끝까지 가면, 힘의 크기는 거의 0에 가까워지겠지만), 우리가 지금까지 아무것도 없다고 생각하여 진공眞空(진짜眞로 비어있다空는 뜻이다.)이라 불렀던 우주의 빈 곳도 사실은 물질(전자기장과 중력장)로 가득 차 있단다.

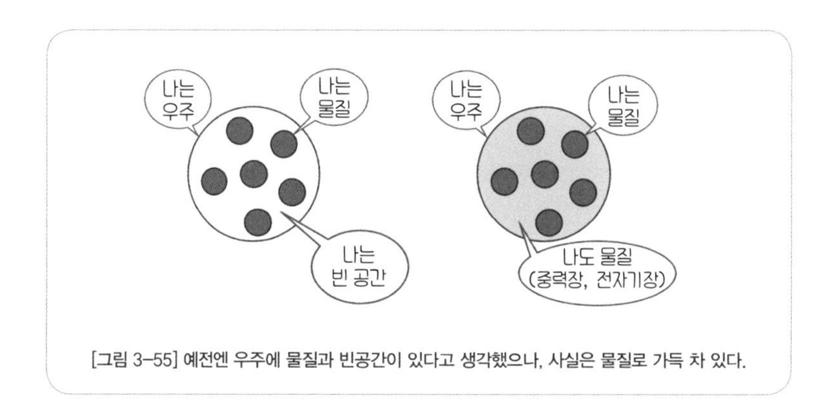

[그림 3-55] 예전엔 우주에 물질과 빈공간이 있다고 생각했으나, 사실은 물질로 가득 차 있다.

지금까지 우리는 눈에 보이고 만지거나 느낄 수 있는 물질(나무, 물, 공기 등)만 물질이라고 생각했지만, 전자기장이나 중력장과 같은 에너지도 형태가 다른 물질이라고 생각하면, 우주 공간에는 빈 곳이 없이 물질로 가득 차 있다는 뜻이 되지.

더 나아가 일반상대성이론에 따르면 질량이 있는 물질 주변의 공간이 휘어진다고 했는데, 이는 곧 물질과 공간은 별개가 아니라 하나의 연속체라고 볼 수 있단다. 이 이야기를 등식으로 표현하면 다음과 같겠지.

공간 = 물질

이제 아인슈타인의 스승인 민코프스키가 이야기한 '시간은 공간과 같은 물리량이다.'는 것을 등식으로 표현하면 다음과 같아지겠지.

시간 = 공간

이제 위의 식을 모두 모아 보자.

시간=공간=물질=에너지

이것이 아인슈타인의 상대성이론의 결말이란다. 결말이 정말 충격적이지 않니?

너무나 충격적이라, 흡사 공상과학소설에나 나오는 이야기처럼 들리네요.

아마 네가 앞쪽의 글을 읽지 않고 이 결말만 본다면, 내가 허황된 이상한 이야기나 하는 사람으로 보일지 모르겠구나. 하지만 아인슈타인은 여기서 그치지 않고, 더욱 허황된(?) 이야기를 한단다. 물질이 없으면 시공간은 아예 존재하지 않는다고 하지. 시공간이 곧 물질이라면, 너무나 당연한 이야기가 아니니? 더 나아가, 시공간에서 물질을 들어내면 빈 시공간만 남는 것이 아니라 시공간(시간과 공간) 자체가 사라진다고 이야기하지.

만약 계속 과거로 가면, 우주가 탄생하는 시점(빅뱅)에 도달하겠지. 우주가 탄생하면서 물질이 생기고 시공간(시간과 공간)도 함께 생겨났다는 것이야. 즉, 우주가 생기기 전에는 공간은 물론 시

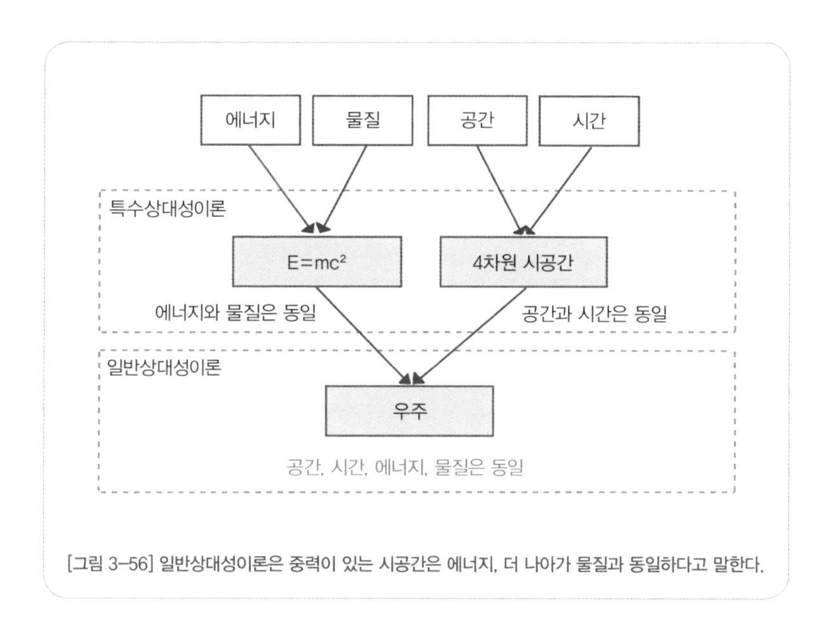

[그림 3-56] 일반상대성이론은 중력이 있는 시공간은 에너지, 더 나아가 물질과 동일하다고 말한다.

간도 없었다는 이야기가 되지.

이처럼 상대성이론은 우리에게 우주의 탄생과 존재의 비밀을 보여주는 열쇠를 주었단다.

상대성이론을 마치면서

내가 이 글을 쓴 이유는 처음에도 이야기했듯이, 인간의 이성이 과연 존재하며, 진리를 찾을 수 있는가에 대해서 조금이나마 의문을 갖게 하는 것이고, 따라서 상대성이론을 왜 자연과학이나 공학을 전공하는 사람뿐만 아니라 인문학을 전공하는 사람들도 알아야 하는지에 대한 것이지. 네가 조금이라도 이런 의도를 이해한다면 이 긴 글은 쓴 보람이 있겠지.

마지막으로 덧붙이고 싶은 말은 논리적 혹은 합리적이란 단어에 대한 정의란다. 먼저 기존에 우리가 알고 있었던 사실과 다른 몇 가지 사실들을 한번 살펴보자.

(1) 시간과 공간과 질량은 속도에 따라 변한다.

(2) A가 B를 보면 B의 시간이 느리게 가고, B가 A를 보면 A의 시간이 느리게 간다.

(3) 우리가 사는 우주에서 삼각형의 내각의 합은 180도가 아니다.

아마 네가 19세기에 태어난 물리학자였다면, 위의 이야기가 모두 비논리적이고 비합리적인 이야기라고 생각했을 거야. 당대 최고의 석학이었던 뉴턴이나 칸트라도 위의 이야기들을 믿었을까? 하지만 21세기인 지금은 위의 사실이 모두 사실로 증명되었고, 더 이상 비논리적이거나 비합리적이라고 생각하지 않는단다.

이렇게 보면, 우리가 그동안 살아오면서 보고 듣고 배운 것과 일치하면 논리적이거나 합리적이고, 그렇지 않으면 비논리적이고 비합리적이라고 이야기하는 것이 아닐까?

역사적으로 보면 예전에도 비논리적이고 비합리적으로 보이는 사실이 논리적이고 합리적인 이야기가 된 예는 수도 없이 많단다. 예를 들어, 지구가 둥글다거나 지구가 태양 주위를 돈다는 이야기가 처음 나왔을 때도 마찬가지란다. 아마도 이런 이야기를 처음 들은 사람은 분명 "말도 안 돼!"라고 이야기했을 거야. 하지만 지금은 초등학생도 지구가 둥글고 태양 주위를 돈다는 사실을 비논리적이거나 비합리적이라고 생각하지는 않지.

앞에서도 이야기했듯이, 인간이 걷거나 달리는 속도가 빛의 속도에 근접했다면, 움직이는 사람의 시간이 느리게 가는 것을 쉽게 알 수 있었고, 아인슈타인의 상대성이론도 쉽게 이해했을 거야.

논리적이고 합리적인 것은 시간에 따라 변하지 않아야 한다고 너는 믿어왔겠지. 하지만 지금까지의 이야기를 보면 그렇지 않다는 것을 알 수 있을 거야. 어쩌면 논리적이고 합리적이라는 사실 자체가 종교와 마찬가지로 하나의 믿음이 아닐까? 그렇다면 우리가 알고 있는 지식이나 진리도 모두 믿음이 아닐까?

이 이야기를 처음 시작할 때 했던 "철학은 과학으로부터 결론을 얻어야 한다."는 아인슈타인의 이야기를 기억하니? 진리를 탐구하는 철학에서는 논리적 혹은 합리적인 방법으로 진리에 접근하려고 한단다. 그런데 과거의 상식으로 볼 때, 합리적이지도 논리적이지도 않은 사실이 현실에 존재한다는 것을 아인슈타인을 포함한 여러 과학자들이 발견하게 되었단다. 위에서 예를 든 3가지 사실들이 그런 발견의 예이지. 그렇다면 합리적이며 논리적인 방법으로 얻은 철학적 결론을 과연 진리라고 할 수 있을까?

이제 "철학은 과학으로부터 결론을 얻어야 한다."는 아인슈타인의 이야기를 이해할 수 있겠니?

참고로 아인슈타인의 상대성이론 이후에 나온 양자역학(원자나 전자의 세계를 연구하는 학문)은 상대성이론과는 비교가 되지 않을 정도로 이상한(?) 세상을 보여준단다. 최고의 과학자라고 이야기하는 아인슈타인조차도 "양자역학은 근본적으로 이론이 될 수 없다."며 양자역학을 믿지 않았단다. 아마도 네가 양자역학을 접하게 되면, 이성, 논리적, 합리적이란 단어가 과연 있기나 할까 하는 의문이 들지도 모르겠다. 언젠가 네게 양자역학에 대해서도 이야기 할 기회가 만들어지길 희망하면서 이제 이야기를 마치도록 하자.

"상식은 18세 때까지
후천적으로 얻은
선입견의 집합이다."

- 아인슈타인 -

부록

4-1

민코프스키의 세계선

민코프스키는 4차원 시공간에서 물체의 위치를 나타내는 세계선world-line이란 개념을 만들었단다. 또 세계선으로 특수상대성이론에 나오는 동시성 문제, 시간의 지연, 길이의 축소 등이 일어나는 이유를 간단하게 그림으로 설명하였단다. 공간력이 뛰어난 우뇌형 인간이라면 이 글을 읽는 편이 특수상대성이론을 이해하기가 훨씬 쉽겠지. 지금부터 세계선으로 특수상대성이론을 이해해 보자.

세계선이란?

세계선이란 4차원 민코프스키 공간에 표시된 운동의 궤도를 말한단다. 일단 그림으로 세계선이 무엇인지 살펴보자.

[그림4-1]처럼 철로 위에 기차가 있다. 그리고 기차 중앙점을 M이라고 하자.

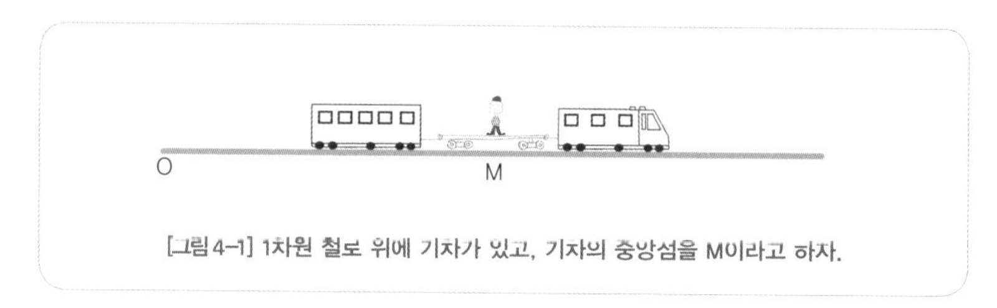

[그림 4-1] 1차원 철로 위에 기차가 있고, 기차의 중앙점을 M이라고 하자.

이제 이 기차의 위치를 4차원 시공간좌표 위에 그려 보자. [그림4-2]는 4차원 시공간을 표시하는 그래프로 x축은 거리, y축은

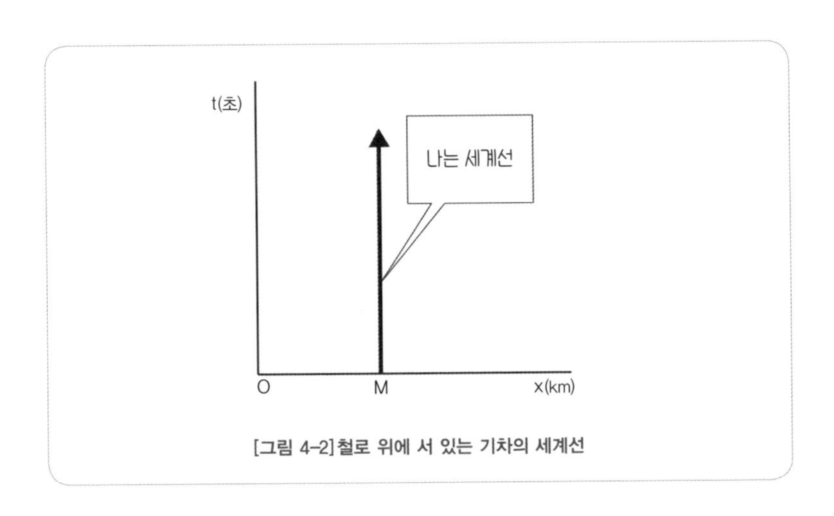

[그림 4-2] 철로 위에 서 있는 기차의 세계선

시간을 나타낸다. 공간은 3차원이지만, 지면에 표기해야 하는 관계 상, 1차원 x만 표기하도록 하자.

시간 t=0일 때 기차 위치 M은 x축 위에 있다. 이후 시간이 흘러 t=1, t=2, t=3… 으로 변하더라도 정지한 기차의 x값은 변하지 않는다. 그림 위의 굵은 화살표 선은 시간의 흐름에 따른 기차 위치 M을 나타낸단다. 이때 이 굵은 화살표 선을 세계선이라고 부른단다. 즉, 세계선은 4차원 시공간에서 기차의 운동 궤도를 나타낸 선이 된단다.

만약 기차가 오른쪽이나 왼쪽으로 움직이면, 세계선은 어떻게 될까?

기차가 정지한 경우에는 시간(t)에 따라 거리(x)가 변하지 않았지만, 기차가 움직이면 시간(t)에 따라 거리(x)가 변하겠지.

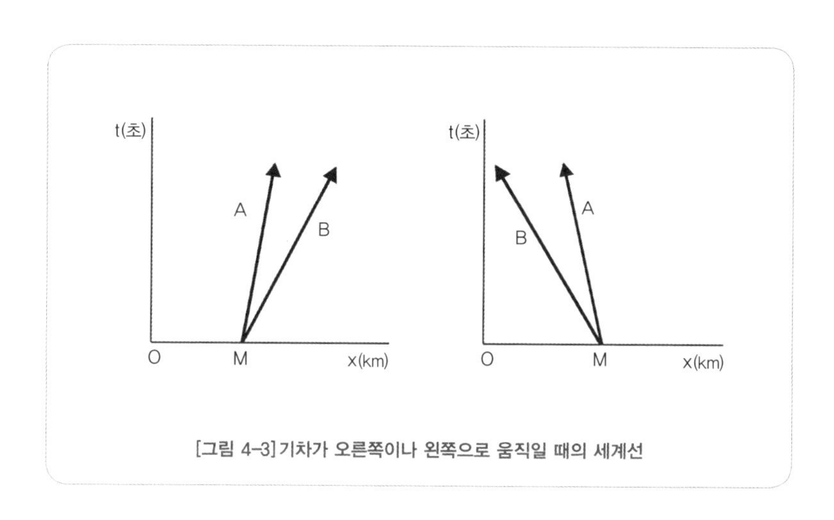

[그림 4-3] 기차가 오른쪽이나 왼쪽으로 움직일 때의 세계선

[그림4-3]을 보면 기차가 오른쪽이나 왼쪽으로 움직일 때의 세계선을 나타낸단다. 오른쪽으로 기울어진 세계선은 기차가 오른쪽으로 움직일 때이고, 왼쪽으로 기울어진 세계선은 기차가 왼쪽으로 움직일 때의 세계선이란다. 만약 기차의 속도가 느리면, A와 같이 되고, 속도가 빠르면 B와 같이 되겠지.

이제 빛의 세계선을 그려보자.

빛의 세계선도 기차의 세계선과 다름이 없단다. 다만 속도가 더 빠른 것뿐이란다. [그림4-4]에서 내가 원점 O에 서 있다. 내 곁에 있던 빛이 내게서 멀어지면 빛의 세계선은 왼쪽 그림처럼 되겠지. 또, 내게서 멀리 떨어져 있는 빛이 다가오면 오른쪽 그림처럼 되겠지.

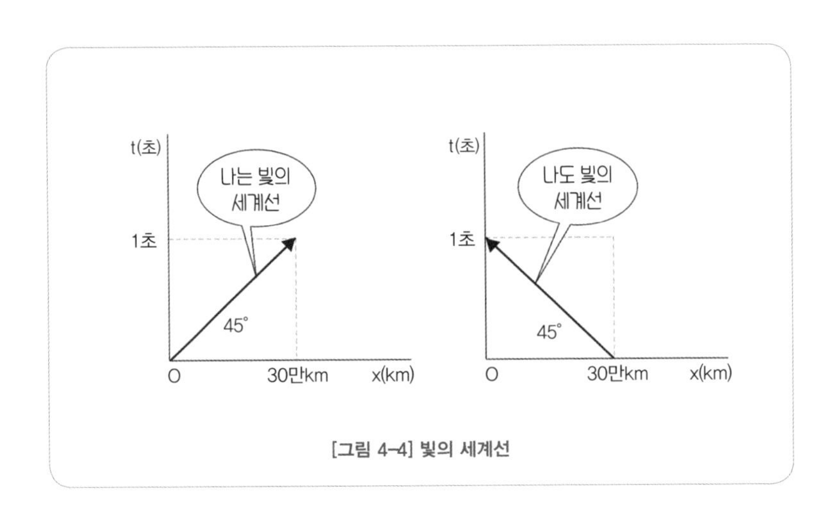

[그림 4-4] 빛의 세계선

민코프스키는 4차원 공간에서, 시간(t)을 거리로 환산하려면 광속 c(30만km/s)를 곱해 주어야 한다고 했지. 따라서 y축 시간 t에 광속 c(30만km/s)를 곱한 눈금으로 사용하면, 세계선의 기울기는 45도가 되겠지. 이때, 어떤 물체의 세계선도 기울기가 45도보다 작을 수는 없단다. 빛보다 빠를 수는 없으니까. 그리고 앞으로 나오는 모든 그림에서는 y축을 시간 t에 광속 c(30만km/s)를 곱한 눈금으로 사용할거야. 따라서 빛의 세계선은 항상 45도로 기울어진다는 점을 명심해라.

동시성의 파괴에 관하여

이제 세계선으로 앞에서 이야기한 '동시성의 파괴'에 대한 이야기를 해보자.

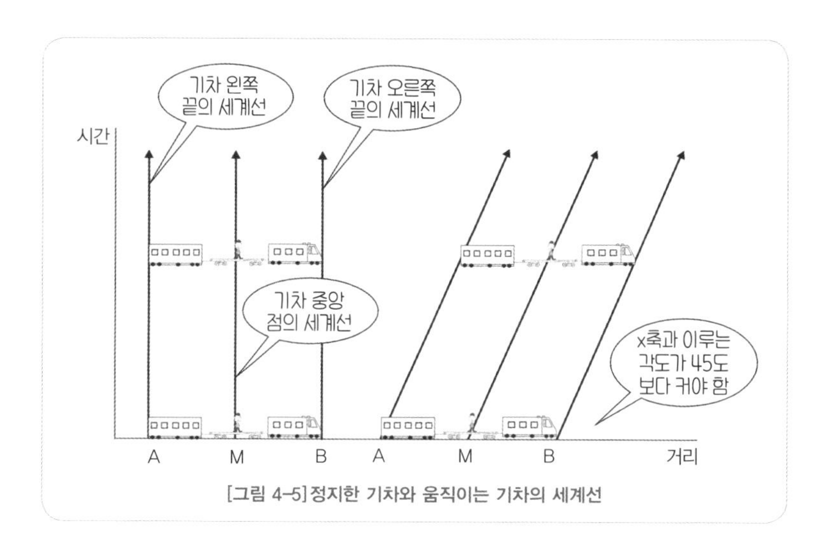

[그림 4-5] 정지한 기차와 움직이는 기차의 세계선

[그림4-5]에서 왼쪽 그림은 정지한 기차의 세계선이고, 오른쪽 그림은 움직이는 기차의 세계선이다. 그림에 있는 M은 기차 중앙점이고, A는 기차의 왼쪽 끝점, B는 오른쪽 끝점이며. 3개의 선은 기차의 중앙점과 왼쪽 끝점, 오른쪽 끝점의 세계선이란다.

그런데 이 그림에서 꼭 알아야 할 것이 하나 있단다. 왼쪽 그림과 오른쪽 그림에 있는 기차를 보면, 기차의 길이가 똑 같게 보이지. 특수상대성이론에 따르면 정지한 기차(왼쪽 그림의 기차)의 길이보다 움직이는 기차(오른쪽 그림의 기차)의 길이가 짧아진단다. 그렇더라도 여기에서는 실제 길이를 무시하자. 짧아지는 길이에 대해서는 다음 쪽에서 자세하게 설명할 예정이야.

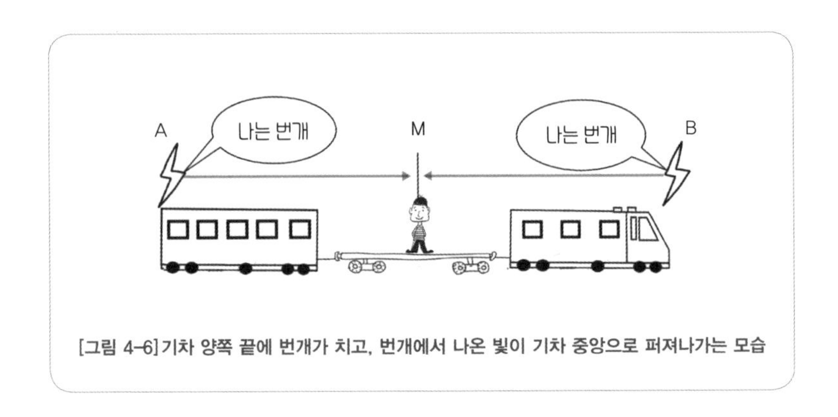

[그림 4-6] 기차 양쪽 끝에 번개가 치고, 번개에서 나온 빛이 기차 중앙으로 퍼져나가는 모습

이제, 기차 양쪽 끝에서 동시에 번개가 쳤다고 가정해보자.([그림4-6 참조]) 기차 양쪽 끝에서 기차 중앙으로 이동하는 빛의 세계선을 그려보자. 위에서 말한 대로 빛의 세계선은 45도 경사로 그리면 되겠지.

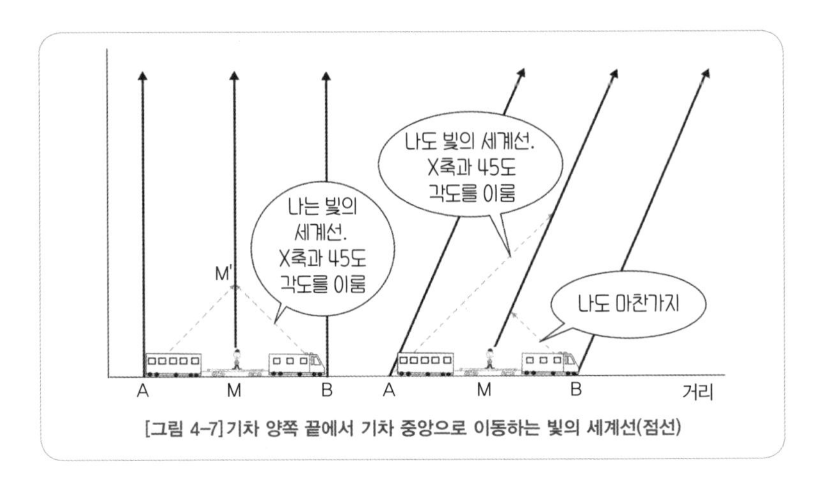

[그림 4-7] 기차 양쪽 끝에서 기차 중앙으로 이동하는 빛의 세계선(점선)

[그림4-7]에서 점선 AM′ 은 기차 왼쪽 끝(A)에서 출발하여 중앙(M′)에 도달하는 빛의 세계선이란다. 또, 점선 BM′ 은 기차 오

른쪽 끝(B)에서 출발하여 중앙(M′)에 도달하는 빛의 세계선이란다.(빛의 세계선인 점선들은 모두 x축과 45도를 이루고 있단다.)

정지해 있는 기차(왼쪽 그림)를 보면, 양쪽에서 오는 빛이 같은 시간에 도착한다. 하지만 움직이는 기차(오른쪽 그림)를 보면, 양쪽에서 오는 빛에 같은 시간에 도착하지 않는 것을 알 수 있지. 즉, 정지한 기차의 중앙에 서 있는 사람(혹은 철로변에 서 있는 사람)은 동시에 번개를 쳤다고 이야기하겠지만, 움직이는 기차의 중앙에 서 있는 사람을 보면 오른쪽에서 먼저 번개를 쳤다고 이야기하겠지.

동시눈금선에 관하여

이제 이야기를 한 발짝만 더 나아가보자.

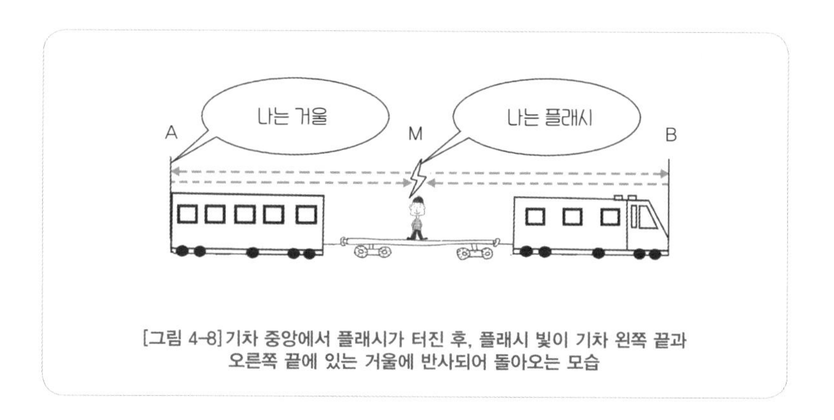

[그림 4-8] 기차 중앙에서 플래시가 터진 후, 플래시 빛이 기차 왼쪽 끝과 오른쪽 끝에 있는 거울에 반사되어 돌아오는 모습

[그림4-8]과 같이 기차 중앙에서 플래시가 터진 후, 플래시의

빛이 기차 왼쪽 끝과 오른쪽 끝에 있는 거울에 반사되어 돌아오는 경우를 살펴보자.

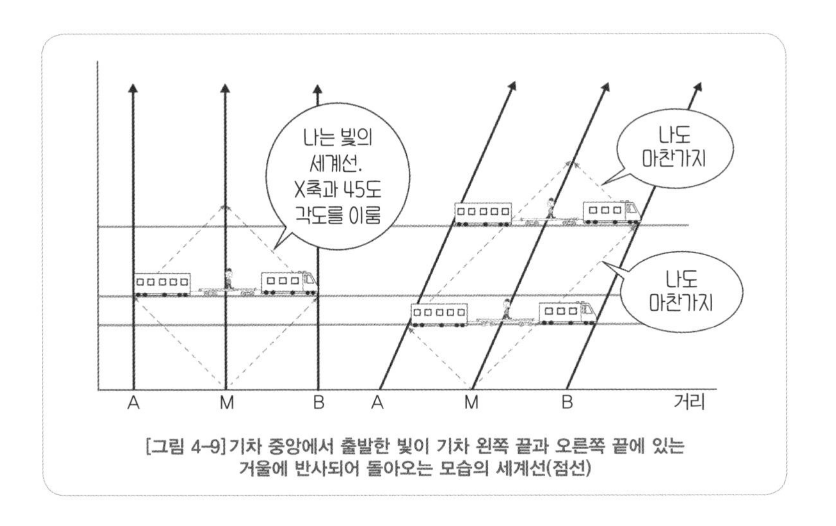

[그림 4-9] 기차 중앙에서 출발한 빛이 기차 왼쪽 끝과 오른쪽 끝에 있는 거울에 반사되어 돌아오는 모습의 세계선(점선)

[그림4-9]는 기차 중앙에서 출발한 빛이 기차 왼쪽 끝과 오른쪽 끝에 있는 거울에 반사되어 돌아오는 모습의 세계선이다. 정지된 기차에서는 중앙에서 출발한 빛이 동시에 양쪽 거울에 도달한다고 생각하지만, 움직이고 있는 기차를 보면 왼쪽 거울에 먼저 빛이 닿고, 나중에 오른쪽 거울에 빛이 닿게 되지.

이 이야기를 조금만 응용하면 재미있는 이야기가 된단다.

빠르게 날아가는 우주선의 정중앙에서 우주선의 앞뒤로 빛을 보냈다. 빛이 앞(B)이나 뒤(A)에 도달하면 폭죽이 터지도록 장치를 해 두었다. 그러면 폭죽은 동시에 터질까? 답변하기 어려우면, 위의 예에서 거울 뒤에 폭죽을 넣어 놓고 빛이 도달하면 폭죽이

터진다고 생각해봐.

우주선 안의 사람에게는 우주선이 정지해 있는 것으로 보이므로 [그림4-9]의 왼쪽 그림에 해당하지. 따라서 우주선 안의 사람은 앞(B)과 뒤(A)의 폭죽이 동시에 터지는 것을 보게 되지만 우주선 밖에 있는 사람에게는 우주선이 움직이고 있으므로 [그림4-9]의 오른쪽 그림에 해당하지. 따라서 우주선 밖에 있는 사람은 뒤(A)의 폭죽이 먼저 터지고, 앞(B)의 폭죽이 나중에 터지는 것을 볼 수 있단다. 말이 안 되는 것 같지만 사실이란다.

이제 한 걸음 더 나아가 [그림4-9] 기차 그림에 시간에 대한 눈금을 넣어보자.

[그림4-10]에 수평으로 그어진 눈금선을 보면 어떤 사건이 같은 시간에 일어났는지를 좀 더 명확하게 알 수 있단다. 예를 들어, 0.1초 눈금선 위에 있는 A′와 B′는 같은 시간에 일어났다는 것을 알 수 있는데, 즉 하나의 눈금선과 여러 개의 세계선이 교차

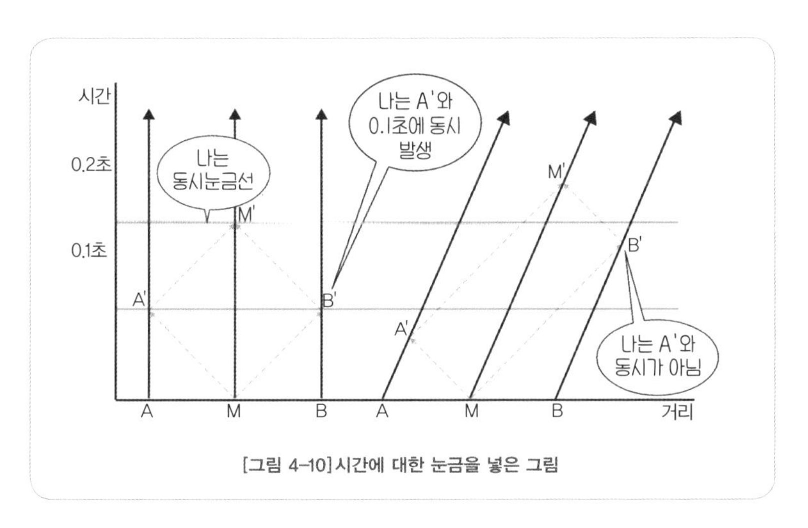

[그림 4-10] 시간에 대한 눈금을 넣은 그림

하는 점(사건)들은 모두 같은 시간에 일어났다는 것을 알 수 있지. 이제부터 편리성을 위해 이러한 눈금선을 '동시눈금선'이라 부르자.(동시눈금선은 내가 지어 낸 말이야.)

물론 동시라는 말은 정지해 있는 사람(철로변에 서 있는 사람)에게 같은 시간이라는 뜻이란다. [그림4-10]의 오른쪽 그림을 보면 A′와 B′는 동시에 일어나지 않았는데, 이는 정지해 있는 사람이 볼 때 그렇다는 이야기일 뿐, 움직이는 사람(기차 안에 있는 사람)에게는 A′와 B′가 동시에 일어난 사건이란다. 왜냐하면, 기차 안에 있는 사람이 볼 때에는 기차 중앙(M)에서 출발한 빛이 동시에 뒤쪽 거울(B′)과 앞쪽 거울(A′)에 도달하기 때문이지.

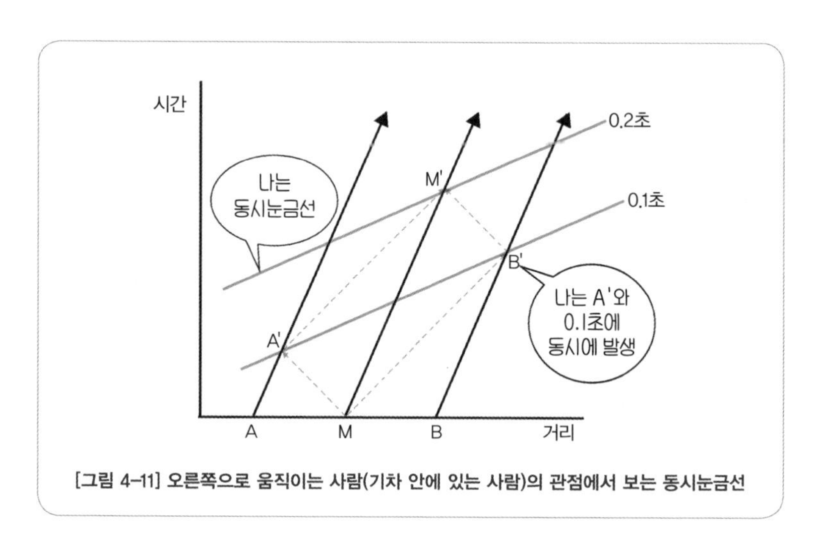

[그림 4-11] 오른쪽으로 움직이는 사람(기차 안에 있는 사람)의 관점에서 보는 동시눈금선

이번에는 움직이는 사람(기차 안에 있는 사람)의 관점에서 보는 동시눈금선을 그려보자. [그림4-11]은 움직이는 사람의 관점에

서 본 동시눈금선이란다.

[그림4-11]에서 보듯이 움직이는 사람(기차 안에 있는 사람)의 관점에서는 보는 동시눈금선은 A′와 B′를 잇는 선이 된단다. 왜냐하면 움직이는 사람의 관점에서는 A′와 B′가 동시에 일어났기 때문이지. 이와 같이 움직이는 사람의 동시눈금선은 경사지게 보인단다.

만약 기차가 오른쪽으로 움직이지 않고 왼쪽으로 움직인다면, 움직이는 사람(기차 안에 있는 사람)의 관점에서는 보는 동시눈금선은 [그림4-12]와 같단다.

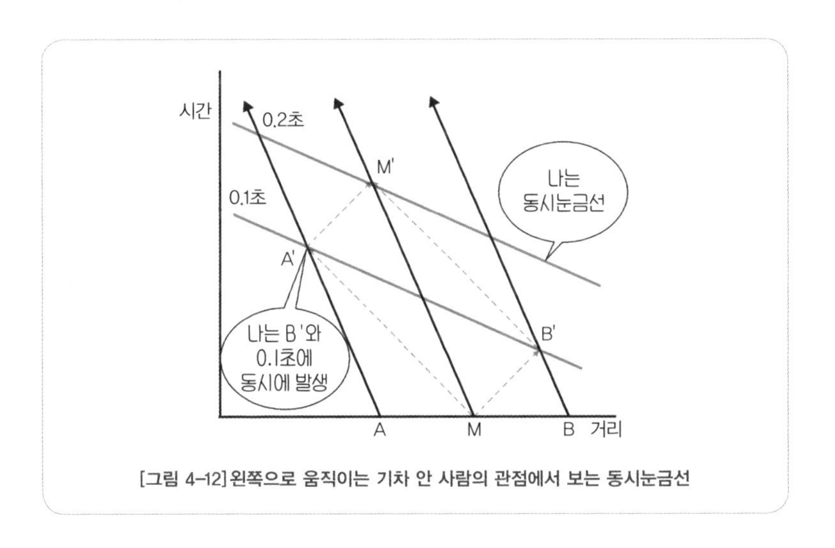

[그림 4-12] 왼쪽으로 움직이는 기차 안 사람의 관점에서 보는 동시눈금선

지금까지 본 바를 정리하면 다음과 같다.

(1) 사람에 따라 서로 다른 동시눈금선을 가지고 있다.

(2) 동시눈금선은 세계선과 같은 방향으로 기울어져 있다.

이제 세계선과 동시눈금선에 대해 이해를 했다면, 사고 실험을 하나 해보자.

20살 된 쌍둥이 형제가 있다. 형은 동생이 둘 다 각자의 우주선을 타고 서로에 대해 반대 방향으로 막 지나가고 있다([그림4-13] 참조). 이때 상대 속도는 광속의 절반이라고 하자. 이후 두 우주선은 계속 등속 운동을 하면서 40년을 비행하였다. 그럼 40년 후에 서로를 보면 어떨까?

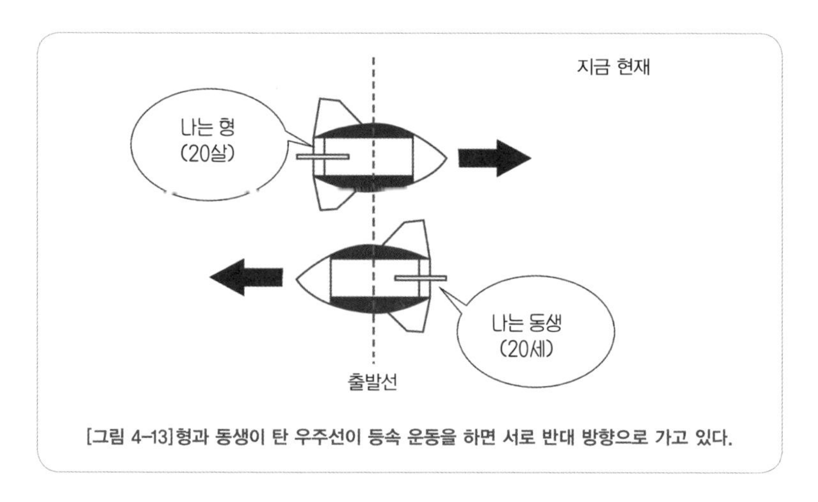

[그림 4-13] 형과 동생이 탄 우주선이 등속 운동을 하면 서로 반대 방향으로 가고 있다.

20살에 우주선을 타고 출발한 형과 동생은 40년 후 각자 환갑잔치를 하게 되는데, 각각은 자신이 먼저 환갑잔치를 하고 한참 후 상대방이 환갑잔치를 하는 것을 볼 수 있단다. 그 이유는 각자마다 서로 다른 동시눈금선을 가지고 있기 때문이지. 이런 상황을 설명하기 위해 먼저 세계선을 그려보자.

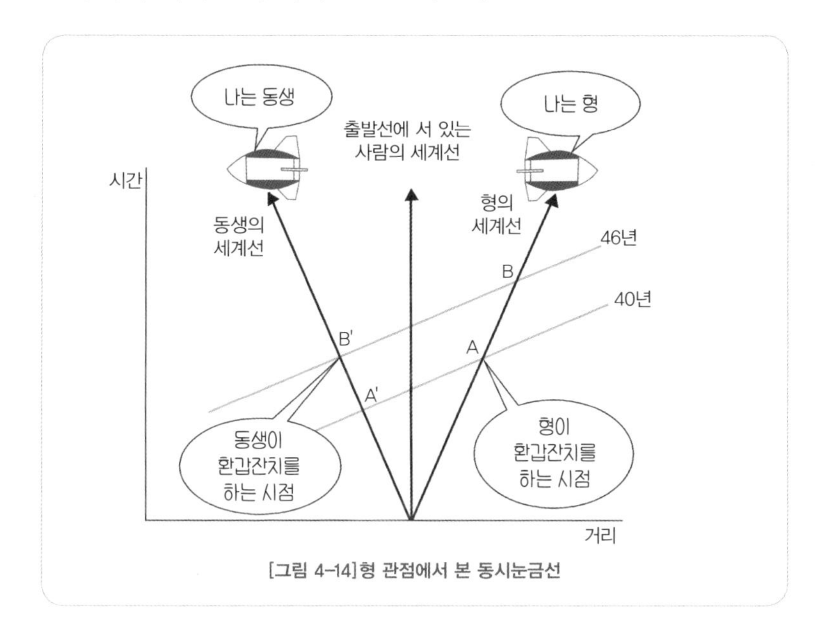

[그림 4-14]형 관점에서 본 동시눈금선

[그림4-14]는 형과 동생, 그리고 출발선에 서 있는 사람의 세계선 위에, 형이 본 동시눈금선을 그려 놓았다.(동시눈금선을 그리는 방법은 위의 기차 예에서 이미 설명한 방법대로 그리면 된다.)

출발한지 40년이 지난 형은 A점에서 환갑잔치를 하게 되겠지. A와 A′는 동시이니까, 형이 동생을 본다면 동생은 자신보다 젊어 보이겠지. 만약 동생이 B′점에서 환갑잔치를 한다면, 형은 46년 후인 B점에서 환갑잔치를 보게 되겠지.

더 나아가, 20살인 형제가 40년 후 형이 먼저 환갑잔치를 하고, 46년 후 동생이 환갑잔치를 한다는 사실에서 형의 시간보다 동생의 시간이 더 느리게 간다는 사실을 유추할 수 있겠지.

실제로 [그림4-14]에서 선분 AB에 대한 선분 A′B′의 비율을 계산해 보면, 시간이 느리게 가는 비율을 계산할 수 있단다.

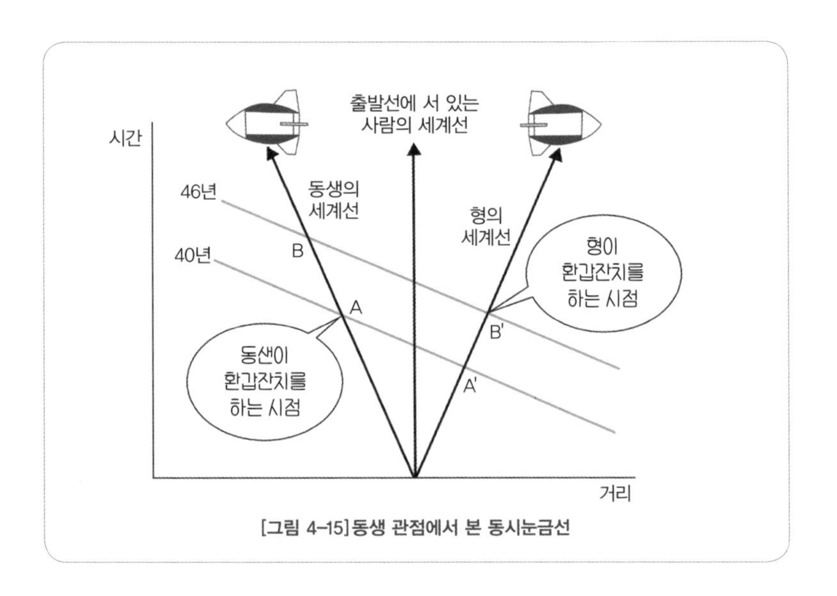

[그림 4-15] 동생 관점에서 본 동시눈금선

이번에는 동생이 본 동시눈금선을 그려보자.

[그림4-15]는 동생이 본 동시눈금선을 그려 놓았다. 그림을 보면, 동생은 출발한지 40년이 지난 A점에서 환갑잔치를 하게 되겠지. A와 A′는 동시이니까, 동생이 형을 본다면 형은 자신보다 젊어 보이겠지. 만약 형이 B′점에서 환갑잔치를 한다면, 동생은 46년 후인 B점에서 환갑잔치를 보게 되겠지.

더 나아가, 20살인 형제가 40년 후 동생이 먼저 환갑잔치를 하고, 46년 후에 형이 환갑잔치를 한다는 사실에서 동생의 시간보다 형의 시간이 더 느리게 간다는 사실을 유추할 수 있단다.

위 이야기를 요약하면, 각각은 자신이 먼저 환갑잔치를 하고 6년 후 상대방이 환갑잔치를 하는 것을 보게 되고, 더 나아가 자신의 시간보다 상대방의 시간이 더 느리게 간다는 것을 알 수 있겠지. 지금까지 우리가 아는 상식으로는, 이러한 사실이 모순처럼 보이지만, 각자마다 서로 다른 동시눈금선을 가지고 있기 때문에(즉 각자마다 다른 시간을 가지고 있기 때문에) 모순이라고 할 수 없단다.

만약 동생이 우주선을 돌려 형에게 다가 가는 경우에는 세계선으로는 설명이 불가능하단다. 우주선을 돌리려면 가속 운동을 해야 하는데, 가속 운동을 하면 시간과 공간의 휘어짐이 발생하기 때문이란다(일반상대성이론). 즉, 가속 운동이 일어나는 구간에서는 공간축(x축)과 시간축(y축)의 눈금이 달라진다는 이야기이지.

쌍둥이 이야기에서 하나 더 알아야 하는 사실은 형이 볼 때에는 형의 환갑잔치 → 동생의 환갑잔치 순으로 보이고, 동생이 볼 때에는 동생의 환갑잔치 → 형의 환갑잔치 순으로 보인다고 해서, 하나의 사건에서 원인과 결과가 뒤바뀌어 보이는 일은 절대 일어나지 않는다는 것이야. 예를 들어, 형이 씨를 뿌려 새싹에 났는데, 동생에게는 새싹부터 보이고 나중에 형이 씨를 뿌리는 모습을 보는 일은 절대 일어나지 않는단다. 즉, 결과는 항상 원인보나 나중에 보인단다. 철학에서는 이것을 인과율因果律이라고 부르는데, '모든 일은, 원인原因에서 발생한 결과結果이며, 원인이 없이는 아무것도 생기지 아니한다'는 법칙이란다.

길이에 대한 정의

서울에서 부산으로 달려가는 기차가 있다. 지금 달려가는 기차의 길이를 재려고 한다고 하자. 만약 정지해 있는 기차라면 긴 줄자를 들고 가서 기차의 길이를 재면 되지만, 달리는 기차는 그렇게 하기가 힘들다. 그래서 나는 다음과 같은 방법으로 기차의 길이를 재었단다.

"먼저 2개의 막대를 준비한다. 그리고 두 명이 철로 둑에 서 있다가 기차가 지나갈 때, 한 명은 기차의 맨 앞부분이 지나가는 자리에, 다른 한 명은 맨 뒤 부분이 지나가는 자리에 막대를 땅에 꽂는다([그림4-16] 참조). 그리고 나서 두 막대 사이의 거리를 줄자로 재어 기차의 길이를 잰다."

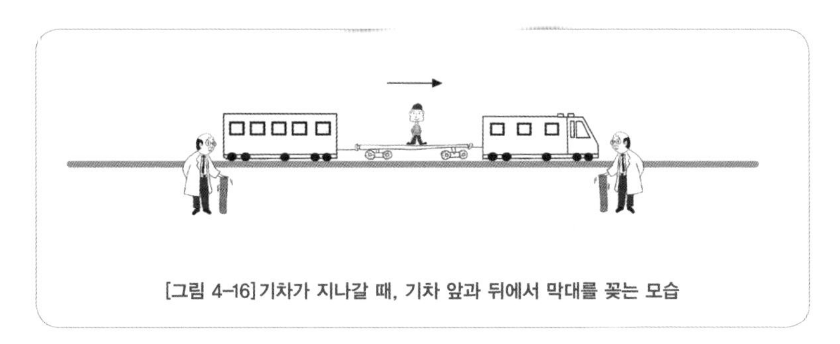

[그림 4-16] 기차가 지나갈 때, 기차 앞과 뒤에서 막대를 꽂는 모습

아마도 이렇게 해서 기차의 길이를 재면 움직이는 기차의 길이를 알 수 있겠지. 그런데 주의할 점이 있단다. 두 막대를 땅에 꽂을 때 반드시 '동시'에 꽂아야 한다는 것이지. 만약 다음의 이야기와 같이 두 막대를 꽂는 시간에 차이가 있다면 길이가 올바르다

고 할 수 없겠지.

"기차가 서울에서 출발할 때 기차 맨 뒤부분에 막대를 하나 꼽고, 기차가 부산에 도착할 때 쯤 기차 맨 앞부분에 막대를 하나 꼽은 다음, 두 막대의 거리를 재어 기차의 길이를 구하였다."

이 이야기를 들어보면, 두 막대를 '동시'에 꼽아야만 하는 이유를 이해할 수 있겠지. 길이를 정의하는 방법에 대한 이야기가 좀 길어졌지만, 요약하면 다음과 같단다.

"물체의 길이는 '동시'에 앞부분과 뒤 부분의 위치를 구한 다음, 두 위치의 거리를 구하면 된다."

너무 쉽고도 당연한 이야기를 길게 해서 미안하지만, 문제는 지금부터란다. '동시'에 막대를 꽂아야 하는데, 지금까지 봐왔듯이, 움직이는 사람이 볼 때의 '동시'와 정지해 있는 사람이 볼 때의 '동시'는 다르기 때문이지. 그리고 정지한 사람이 움직이는 물체를 볼 때 길이가 짧아지는 이유가 여기에 있단다. 그렇다면 '동시'라는 말에 유의하면서 [그림 4-17]을 한 번 보자.

이 그림은 동시성을 설명하기 위해 앞서 [그림4-9]에서 나왔던 그림인데 이 그림에서 3개의 세계선은 각각 기차 맨 뒤부분, 중앙부분, 맨 앞부분을 나타내고 있지. 길이의 정의에 따르면, 맨 뒤부분과 맨 앞부분의 위치를 동시에 측정하여 그 거리를 구하면 기차의 길이가 나오겠지. 따라서 [그림 4-17]에 나오는 3대의

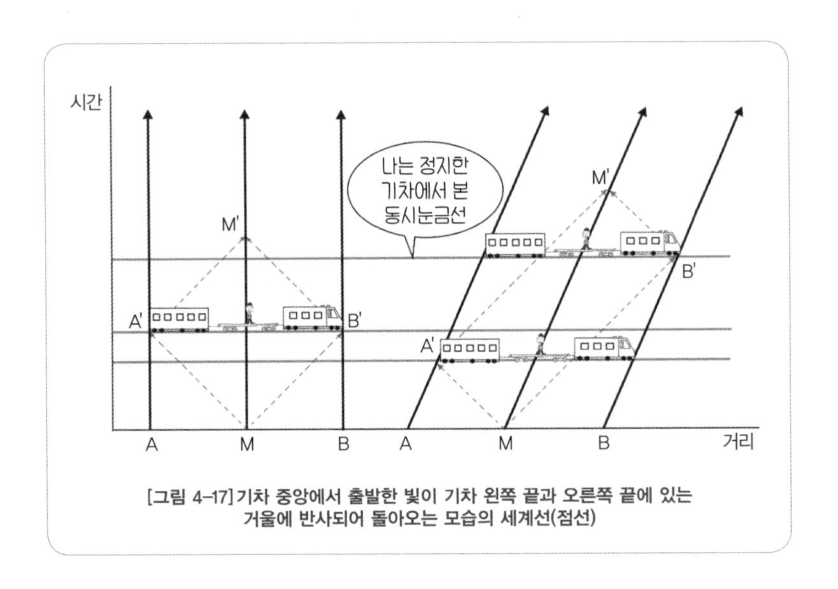

[그림 4-17] 기차 중앙에서 출발한 빛이 기차 왼쪽 끝과 오른쪽 끝에 있는 거울에 반사되어 돌아오는 모습의 세계선(점선)

기차는 모두 정지한 사람의 입장에서 본 기차의 길이란다. 즉, 기차의 시작점과 끝점의 위치가 모두 정지한 사람의 동시눈금선(수평선) 위에 위치하고 있기 때문이지. (앞에서도 이야기했듯이, 정지한 기차(왼쪽 그림의 기차)의 길이보다 움직이는 기차(오른쪽 그림의 기차)의 길이가 짧아진단다. 하지만 여기에서는 실제 길이를 무시하자. 다만 길이를 재는 방법에만 집중하자. 길이가 짧아지는 이유에 대해서는 아래에서 자세하게 설명할 예정이야.)

이제, 움직이는 사람(기차 안의 사람)의 동시눈금선은 정지한 사람(철로변에 있는 사람)의 동시눈금선과 다르다는 사실에 유의하면서 [그림 4-18]을 한번 살펴보자.

움직이는 사람의 관점에서 기차의 길이를 구하려면, 위 그림에서 A′와 B′간의 거리가 기차의 길이가 된단다. 왜냐하면, 두 점

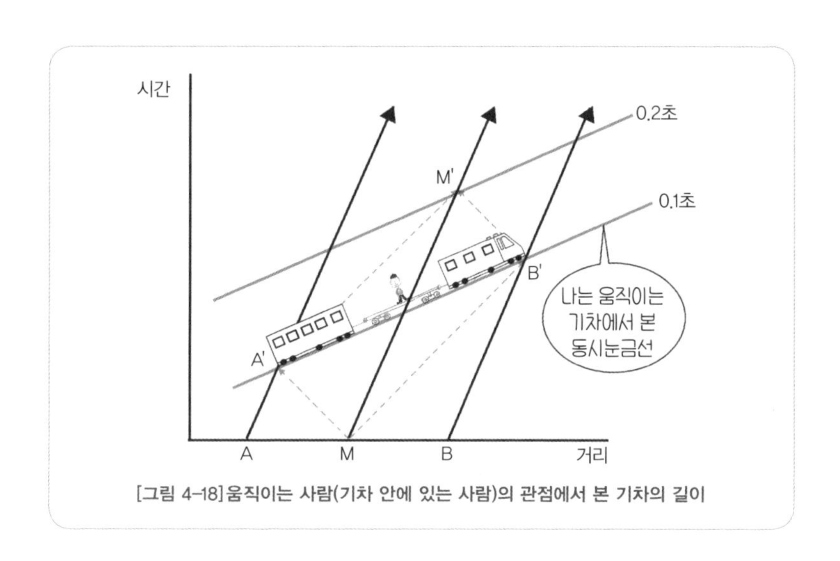

[그림 4-18]움직이는 사람(기차 안에 있는 사람)의 관점에서 본 기차의 길이

간의 거리를 구하기 위해서는 두 점의 위치를 동시에 측정하여야 하는데, A′와 B′는 움직이는 사람의 동시눈금선 위에 있기 때문에 '동시'라고 볼 수 있기 때문이지.

길이의 축소에 관하여

다음으로 움직이는 물체의 길이가 짧아 보이는 이유를 살펴보자. [그림 4-19]는 쌍둥이 형과 동생이 탄 우주선의 세계선이란다.

각각의 우주선은 2개의 세계선이 있는데, 하나는 우주선의 꼬리(맨 뒤) 부분, 다른 하나는 우주선의 머리(맨 앞) 부분의 세계선이란다. 우주선의 길이는 이 두 세계선 사이의 거리가 되겠지. 먼저 형의 동시눈금선을 기준으로 우주선의 길이를 살펴보자. [그림4-19]를 보면 동시눈금선과 형 우주선의 세계선이 만나는 점

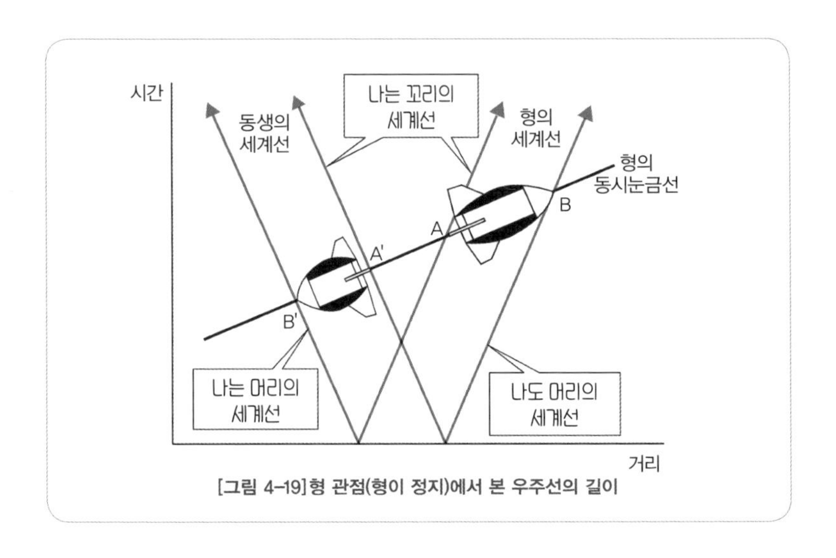

[그림 4-19] 형 관점(형이 정지)에서 본 우주선의 길이

A와 B간의 거리는 형 우주선의 길이가 되겠지. 또, 점 A′와 B′간의 거리는 형이 본 동생 우주선의 길이가 되겠지. 위 그림을 보면 동생 우주선의 길이(선분 A′B′)가 형 우주선의 길이(선분 AB)보다 짧다는 것을 한눈에 알 수 있지. 즉, 형의 관점에서는 동생 우주선이 자신의 우주선보다 짧게 보이겠지. 형의 관점이란 말은 자신은 정지하고 동생이 움직이고 있다는 가정이 들어가 있단다. 따라서 움직이는 물체의 길이는 축소되어 보인다고 할 수 있겠지. 그리고 선분 AB에 대한 선분 A′B′의 비율이 길이가 축소되는 비율이 된단다.

이제, 반대로 동생 관점에서 우주선의 길이를 비교해 보자. [그림 4-20]은 동생의 동시눈금선을 그려 놓은 그림이란다.

이때 점 A와 B간의 거리는 동생 우주선의 길이가 되고, 점 A′와 B′간의 거리는 형 우주선의 길이가 되겠지. 그림을 보면 형 우주선의 길이가 동생 우주선의 길이보다 짧다는 것을 한 눈에 알 수 있지.

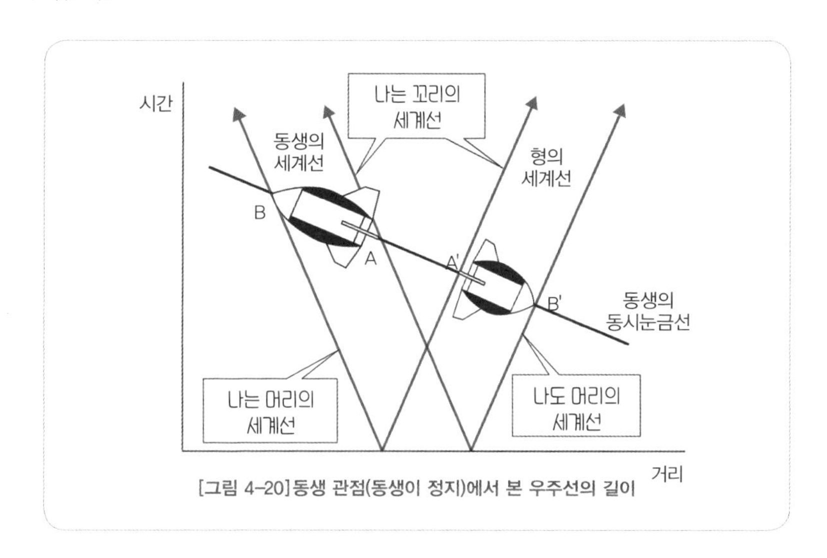

[그림 4-20]동생 관점(동생이 정지)에서 본 우주선의 길이

즉, 동생 관점에서는 형 우주선이 자신의 우주선보다 짧게 보이겠지. 동생의 관점이란 이야기는 자신은 정지하고 형이 움직이고 있다는 가정이 들어가 있단다. 따라서 움직이는 물체의 길이는 축소되어 보인다고 할 수 있겠지. 이로써 움직이는 물체의 길이가 축소되는 이유를 살펴보았다.

문제

마지막으로 네 물리 교과서에 나오는 문제 하나만 풀어보고 끝내도록 하자.

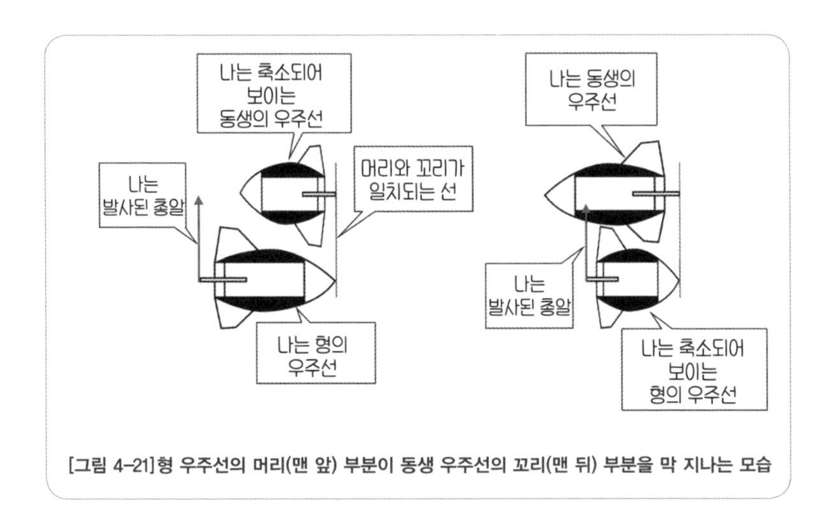

[그림 4-21]형 우주선의 머리(맨 앞) 부분이 동생 우주선의 꼬리(맨 뒤) 부분을 막 지나는 모습

길이가 같은 두 우주선을 형과 동생이 타고 서로 반대 방향으로 같은 속력으로 스치듯이 지나가고 있다. 동생의 우주선의 뒤부분이 형의 우주선의 앞부분을 막 지나가고 있을 때, 형의 우주선 뒤 부분에서 총을 발사했다. 이때 총알이 동생의 우주선에 맞았을까 아니면 맞지 않았을까?

[그림4-21]을 보면, 형의 우주선의 머리(맨 앞) 부분과 동생의 우주선의 꼬리(맨 뒤) 부분이 일치하는 경우는 2가지가 있을 수 있다. 왼쪽 그림은 형의 관점에서 동생의 우주선을 보았을 때이다. 형의 관점에서 보면, 동생의 우주선은 길이가 짧아져서, 총에 맞지 않는다. 하지만 동생의 관점에서 보면, 오른쪽 그림과 같이 형의 우주선은 길이가 짧아지기 때문에 총에 맞게 된다. 이 둘은 분명 모순이 있어 보인다. 그렇다면, 실제 상황에서는 총에 맞을까 맞지 않을까?

여기에 대한 답변을 하기 위해서 먼저 동생 우주선과 형 우주선의 세계선을 [그림4-22] 같이 그려보자. 이때 동생의 세계선은 지면 앞으로 약간 튀어 나와 있다고 가정하면, 두 우주선은 충돌하지 않고 스쳐 지나가겠지.

이제 형 관점에서 동시눈금선을 보자.

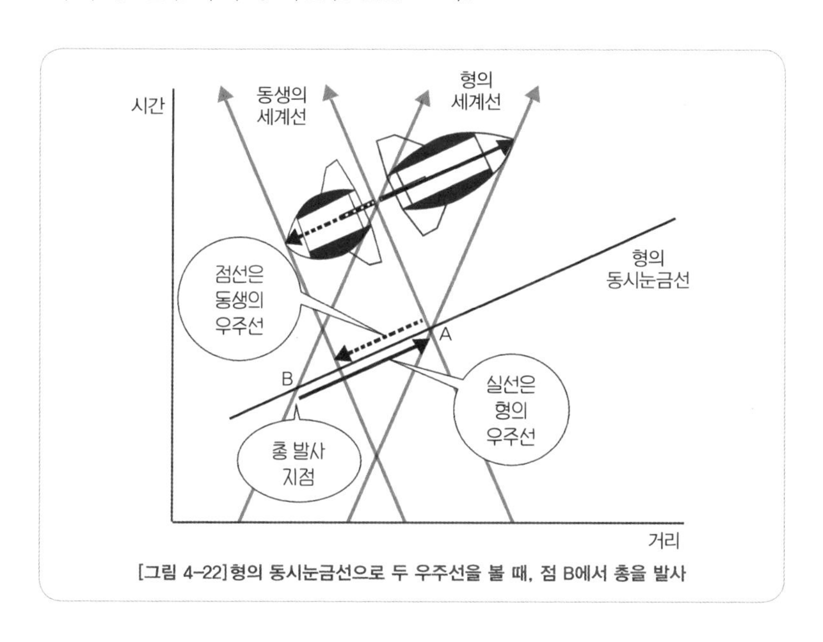

[그림 4-22] 형의 동시눈금선으로 두 우주선을 볼 때, 점 B에서 총을 발사

[그림4-22]에는 두 개의 화살표가 있는데, 실선 화살표는 형의 우주선, 점선 화살표는 동생의 우주선이란다. 또, 화살촉이 있는 쪽이 우주선 머리 부분이란다. 점 A에서 형 우주선의 머리(맨 앞) 부분과 동생 우주선의 꼬리(맨 뒤) 부분이 일치하고 있단다. 이와 동시에, 점 B(형 우주선의 꼬리 부분)에서 총을 발사하더라도, 동생의 우주선이 점 B에 도달하지 않았기 때문에 총에 맞지 않겠지.

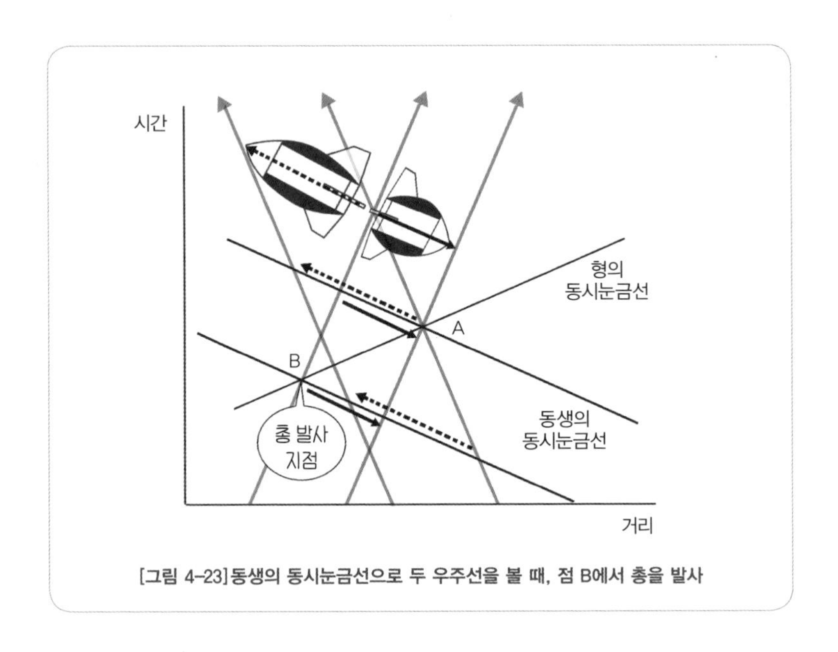

[그림 4-23] 동생의 동시눈금선으로 두 우주선을 볼 때, 점 B에서 총을 발사

이제 동생의 관점에서 보자.

[그림4-23]을 보면, 형 관점에서는 점 A(우주선의 일치)와 점 B(총 발사)가 동시에 일어난 사건이지만, 동생 관점에서는 점 B(총 발사)가 먼저 일어나고, 점 A(우주선의 일치)가 나중에 일어난 사건이란다. 또 동생 관점에서는 형이 점 B에서 총을 발사할 때, 자신의 우주선은 점 B에 도달하지 않음을 알 수 있다. 따라서 동생의 우주선은 총에 맞지 않겠지.

요약하면, 형 관점에서나 동생 관점에서나 동생의 우주선은 총에 맞지 않는단다. 이 문제에서 말하고자 하는 것은 형에게 동시에 일어난 사건(우주선의 일치와 총의 발사)이 동생에게는 동시에

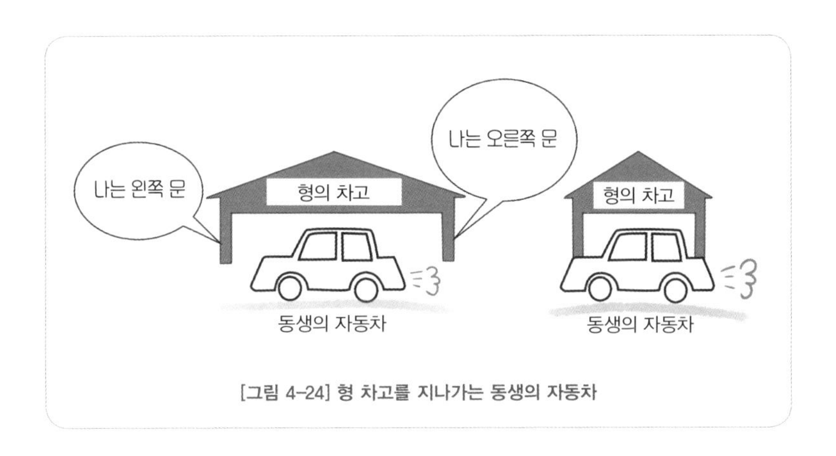

[그림 4-24] 형 차고를 지나가는 동생의 자동차

일어나지 않는다(총이 먼저 발사되고, 나중에 우주선이 일치함)는 사실이란다. 더 나아가 사람마다 제각기 다른 시간을 가지고 있다는 사실을 강조하기 위함이란다.

위의 문제를 응용하면 다음과 같은 문제가 될 수 있다.

[그림 4-24]처럼 동생 자동차가 오른쪽에서 왼쪽으로 빛의 속도에 가까운 속도로 달리면서 형 차고를 지나가고 있다. 자동차의 길이와 차고의 길이는 똑같고, 차고의 왼쪽 문과 오른쪽 문은 열려 있는데, 동생 차가 차고에 들어왔을 때 차고의 왼쪽 문과 오른쪽 문은 순간적으로 닫혔다가 열린다고 가정을 하자.

이 경우 형 관점에서 보면([그림 4-24]의 왼쪽 그림), 자동차 길이는 축소되어 보이기 때문에 차고에 들어가는 것이 문제가 없지만, 동생의 관점에서 보면, 차고의 길이가 축소되어 보이기 때문에 차고의 문은 닫히지 않겠지. 과연 자동차는 안전하게 통과할 수 있을까? 아니면 차고 문과 자동차는 부서질까?

이 문제의 답도 위에 나온 형과 동생의 우주선 문제와 동일하단다. 형의 우주선 대신 형의 차고를, 동생의 우주선 대신 동생의 차를 대입하면 똑같은 문제가 된단다.

형 관점에서 보면 자동차가 차고에 들어갔을 때 두 문이 동시에 닫히고 열리지만, 동생 관점에서 보면 동시에 열리고 닫히지 않는단다. 자동차 앞부분이 차고에 들어갈 때 왼쪽 문이 먼저 닫히고 열린 후에, 자동차 뒤 부분이 다 들어 간 후 오른쪽 문이 닫히고 열린단다. 따라서 동생 차는 차고를 무사하게 통과하겠지.

그런데 위의 두 가지 문제를 풀 때 주의해야 할 것이 있다.

"동시에 총을 발사하였다."나 "동시에 문을 닫았다."는 문장에서 동시라는 말은 형의 관점에서 동시라는 전제를 하고 있단다. 만약 동생의 관점에서 동시라는 말을 사용한다면, 반대 상황이 일어난단다.

민코프스키의 세계선은 이외에도 여러 가지 경우를 설명하는 데 매우 유용하지만, 이쯤에서 이야기를 마치도록 하자.

4-2

방정식 $E = mc^2$ 구하기

특수상대성이론의 부록에 나오는 $E=mc^2$라는 방정식을 만드는 과정을 한번 살펴보자.

먼저 정지한 물체에서 전자기파(빛)가 방출되었다고 하자. 이때 E_1은 전자기파를 방출하기 전 물체가 가지는 에너지, E_2는 전자기파를 방출한 후 물체가 가지는 에너지, E는 방출되는 전자기파의 에너지라고 하면, 다음과 같은 식이 성립되겠지.

$$E_1 = E_2 + E \cdots\cdots\cdots (1)$$

만약 이 물체를 움직이는 사람이 본다고 하자. 그러면 이 사람의 기준으로 보면 상대적으로 이 물체가 움직이고 있겠지. 같은 물체를 이 사람의 기준으로 보면 질량이 늘어나기 때문에(움직이는 물체는 질량이 증가한다) 물체가 가지는 에너지도 달라지겠지.

이때 전자기파를 방출하기 전 물체가 가지는 에너지를 E_{m1}, 전자기파를 방출한 후 물체가 가지는 에너지를 E_{m2}, 방출되는 전자기파의 에너지를 E_m이라고 하면, 다음 식이 성립되겠지.

$$E_{m1} = E_{m2} + E_m \cdots\cdots\cdots (2)$$

여기에서 속도가 늘어남에 따라 질량이 변화하듯이, 방출되는 에너지 E_m도 이에 비례하여 늘어나겠지. 즉, 질량 m이 $m\frac{1}{\sqrt{1-\frac{v^2}{c^2}}}$으로 늘어나기 때문에, 방출되는 에너지 E도 $E\frac{1}{\sqrt{1-\frac{v^2}{c^2}}}$으로 늘어나지.

따라서 식 (2)는 다음과 같이 쓸 수 있겠지.

$$E_{m1} = E_{m2} + E\frac{1}{\sqrt{1-\frac{v^2}{c^2}}} \cdots\cdots\cdots (3)$$

식 (3)에 식 (1)을 빼면

$$(E_{m1} - E_1) = (E_{m2} - E_2) + (E\frac{1}{\sqrt{1-\frac{v^2}{c^2}}} - E) \cdots\cdots\cdots (4)$$

가 되겠지.

E_{m1}은 운동하는 물체가 가지고 있는 에너지이고, E_1은 정지하고 있는 물체의 에너지인데, 두 에너지의 차이(E_{m1}-E_1)는 운동에너지의 차이가 되겠지. 따라서 식 (4)는 다음과 같이 쓸 수 있지.

$$E_{k1} = E_{k2} + (E\frac{1}{\sqrt{1-\frac{v^2}{c^2}}} - E) \cdots\cdots\cdots (5)$$

여기에서 E_{k1}은 전자기파를 방출하기 전의 운동에너지Kinematic Energy이고, E_{k2}는 전자기파를 방출한 후의 운동에너지란다.

식 (5)에서 E_{k2}를 이항하면,

$$(E_{k1} - E_{k2}) = (E\frac{1}{\sqrt{1-\frac{v^2}{c^2}}} - E) \cdots\cdots\cdots (6)$$

이 되고, 이 식의 의미는 전자기파를 방출하기 전의 운동에너지(E_{k1})와 전자기파를 방출한 후의 운동에너지(E_{k2})의 차이는

$(E\frac{1}{\sqrt{1-\frac{v^2}{c^2}}}-E)$가 된다는 뜻이 되지.

이제 물체의 움직이는 속도 v가 광속 c에 비해 적은 경우를 생각해보자.

v가 c에 비해 적으면 식 (6)은 다음과 같은 근사값을 가진단다. (근사값을 추출하는 과정은 아래에 다시 나온단다.)

$$E\frac{1}{\sqrt{1-\frac{v^2}{c^2}}}-E=\frac{1}{2}(E/c^2)v^2 \cdots\cdots\cdots (7)$$

이 값은 움직이는 속도 v가 광속 c에 비해 적은 경우, 전자기파를 방출하기 전과 후의 운동에너지 차이$(E_{k1}-E_{k2})$이지. 따라서 운동에너지 E_k는

$$E_k=\frac{1}{2}(E/c^2)v^2 \cdots\cdots\cdots (8)$$

그리고 우리가 물리 시간에 배운 운동에너지 공식은 다음과 같은데, 이 공식은 움직이는 속도 v가 광속 c에 비해 적은 경우에 사용되지.

$$E_k=\frac{1}{2}mv^2 \cdots\cdots\cdots (9)$$

식 (8)의 오른쪽 항과 식(9)의 오른쪽 항을 비교해보면, $E/c^2=m$이 되고, E에 대해 정리하면 $E=mc^2$이 된단다.

마지막으로 식(7)을 증명해보자.

$(E\frac{1}{\sqrt{1-\frac{v^2}{c^2}}}-E)$에 들어 있는 $\frac{1}{\sqrt{1-\frac{v^2}{c^2}}}$의 값을 구하기 위해, 이항식(2개의 항을 가진 식)으로 표현하면 $(1-\frac{v^2}{c^2})^{-\frac{1}{2}}$이 되겠지.

$-\frac{v^2}{c^2}$을 x라 하고, 지수인 $-\frac{1}{2}$을 α라고 하면,

$\frac{1}{\sqrt{1-\frac{v^2}{c^2}}}=(1-\frac{v^2}{c^2})^{-\frac{1}{2}}=(1+x)^{\alpha}$

가 되겠지. $(1+x)^{\alpha}$에서 x값이 아주 적을 때, 이항식의 근사값은 다음과 같단다.

$$(1+x)^{\alpha}=1+\alpha x$$

따라서 식 (7)의 왼쪽 항은

$$E\frac{1}{\sqrt{1-\frac{v^2}{c^2}}}-E=E(1+\alpha x)-E$$

가 되고, x대신 $-\frac{v^2}{c^2}$, α 대신 $-\frac{1}{2}$을 대입하면

$$E\frac{1}{\sqrt{1-\frac{v^2}{c^2}}}-E=E(1+\alpha x)-E=E\alpha x=E(-\frac{1}{2})(-\frac{v^2}{c^2})=\frac{1}{2}E(\frac{v^2}{c^2})=\frac{1}{2}(E/c^2)v^2$$

이 된단다. 이로서 $E=mc^2$에 대한 증명이 끝났단다.

혹시 영문판 특수상대성이론 원고를 보려면 웹사이트 'http://www.fourmilab.ch/etexts/einstein/specrel/www/'를 참조하기 바란다.

참고 문헌

참고 문헌

- 김영민 외 지음, 『고등학교 물리 I』, 교학사, 2011년.
- 그리바노프 지음, 이영기 옮김, 『아인슈타인(철학적 견해와 상대성 이론)』 일빛, 2001.
- 뉴턴코리아 편집부 지음, 『시간 여행과 상대성 이론』, 뉴턴코리아, 2012.
- 뉴턴코리아 편집부 지음, 『알기 쉬운 상대성이론』, 뉴턴코리아, 2013.
- 데이비드 필킨 지음, 동아사이언스 옮김, 『스티븐 호킹의 우주』, 성우, 2001.
- 리처드 파인만 지음, 정무광 외 옮김. 『파인만의 물리학 강의 3』 승산, 2009.
- 마이클 브룩스 지음, 박병철 옮김, 『물리학이 낳은 위대한 질문들』, 휴먼사이언스, 2009.
- 바아네트 지음, 정병걸 옮김, 『우주와 아인슈타인박사』, 박영사, 1959.
- 배리 파커 지음, 이충환 옮김, 『상대적으로 쉬운 상대성이론』, 양문, 2002.
- 브라이언 콕스 외 지음, 이민경 옮김. 『$E=mc^2$ 이야기』, 21세기북스, 2011.
- 빅터 J. 스텐저 지음, 김미선 옮김, 『물리학의 세계에 신의 공간은 없다』, 서커스, 2010.
- 세드리크 레이, 장클로드 푸아자 지음, 안수연 옮김, 『일상 속의 물리학』, 에코리브르, 2009.

- 스티븐 호킹 지음, 『짧고 쉽게 쓴 시간의 역사』, 까치, 2006.
- 아미르 D.액설 지음, 김희봉 옮김, 『신의 방정식』, 지호, 2002.
- 아인슈타인 지음 『Relativity』, Wings Books, 1961.
- 에릭 뉴트 지음, 이민용 옮김, 『과학의 역사 2』, 이끌리오, 1998.
- 장-피에르 모리 지음, 변지현 옮김, 『갈릴레오』, 시공디스커버리, 1999.
- 장-피에르 모리 지음, 김윤 옮김, 『뉴턴』, 시공디스커버리, 1996.
- 차동우 지음, 『상대성이론』, 북스힐, 2003.
- 최무영 지음, 『물리학강의』, 책갈피, 2008.
- 토마스 뷔르케 지음, 유영미 옮김, 『물리학의 혁명적 순간들』, 해나무, 2010.
- 폴 휴이트 지음, 엄정인 외 옮김, 『수학 없는 물리』, 에드텍, 1998.
- 프랑수아 바누치 지음, 김성희 옮김, 『상대성 이론이란 무엇인가』, 민음IN, 2006.
- 프랑수아즈 발리바르 지음, 이현숙 옮김, 『아인슈타인』, 시공디스커버리, 1998.
- 하랄트 프리취 지음, 유영미 옮김, 『아인슈타인과 뉴턴의 대화』, 해바라기, 2002.
- James T. Cushing 지음, 송진웅 옮김, 『물리학의 역사와 철학』, 북스힐, 2006.
- **Einstein for Everyone**(http://www.pitt.edu/~jdnorton/teaching/HPS_0410/chapters/)
- **Wikipedia**(http://www.wikipedia.org/)

찾아보기

찾아보기

세상에서 가장 쉬운
상대성이론

초판 1쇄 발행 2017년 11월 29일
초판 4쇄 발행 2021년 7월 15일

지은이 박홍균

펴낸이 강기원
펴낸곳 도서출판 이비컴

편 집 윤설란(데시그)
표 지 이하나(데시그)
마케팅 박선왜

주 소 서울시 동대문구 천호대로81길 23 수하우스 201호
전 화 02)2254-0658 **팩 스** 02-2254-0634
메 일 bookbee@naver.com
출판등록 2002년 4월 2일 제6-0596호
ISBN 978-89-6245-143-6 03400

* 이 책은 한국출판문화산업진흥원의 출판콘텐츠 창작자금을 지원 받아 제작되었습니다.

「이 도서의 국립중앙도서관 출판예정도서목록(CIP)은 서지정보유통지원시스템 홈페이지(http://seoji.nl.go.kr)와 국가자료공동목록시스템(http://www.nl.go.kr/kolisnet)에서 이용하실 수 있습니다.(CIP제어번호: CIP2017030990)」

도서출판 이비컴의 실용서 브랜드 **이비락**樂 은 더불어 사는 삶에 긍정의 변화를 줄 유익한 책을 만들기 위해 끊임없이 노력합니다.

원고 및 기획안 문의 : bookbee@naver.com